岡山ユネスコ協会 編

岡山の自然と環境問題

大学教育出版

出版にあたって

　地球環境問題への危機感が高まり、人々が生きとし生ける物の生存が困難になるのではないか、と真剣に考え始めたのは1970年代のことでした。そして、1972年、ストックホルムにおいて「国連人間環境会議」が開かれました。環境問題への国際的な取り組みが始まったのです。そのおりのスローガンにはonly one earth（かけがえのない地球）というフレーズが掲げられていました。昨今、私たちがしばしば耳目にする「オンリーワン」が、環境問題を考えるキーワードになっていたのです。

　さて、岡山ユネスコ協会は設立当初（1994年）から、環境問題と取り組むこととし、調査、研究、講演会、研修講座を実施したり、国連やユネスコが開催する国際会議やスタディーツアーに参加するなど、積極的な活動を展開しています。そうしたなか1995年には、学者や研究者のご協力を得て「市民のための地球環境科学入門」という300ページに及ぶ専門書を発刊し、識者の注目を浴びました。その後1999年には「環境ホルモン」等、新項目を盛り込んだ改訂版に着手、さらに多くの人々に講読していただきました。

　そして本年、岡山ユネスコ協会設立10周年を迎えて、私たちは地元の環境問題を見据え、地球環境を視野に入れて「岡山と自然と環境問題」と題する解説書を設立10周年記念として刊行するに至りました。本書のタイトルに「岡山の～」とあるように、その大半が「地域環境」に関して述べられていますが、地球環境問題は、身近な問題としてだけではなく、社会的な課題として存在するのではないかと考えています。ユネスコが発進している究極のメッセージは「人の心の中に平和のとりでを築こう」というものですが、私はこれを今「人の心の中に環境保全のとりでを築こう」と言い替えたいと思います。そして、本書が社会や私たちのライフスタイルを見直すきっかけになればと願っています。

2004年5月　　　　　　　　　　岡山ユネスコ協会会長　三宅　正勝

まえがき

　全地球的な環境問題は、いまや人類をふくむ地球上の生態系を脅かす懸念のある深刻な段階に達しつつあり、われわれは次の世代に優れた環境を遺していくために、懸命の努力を払って行かねばなりません。そのためには、現在の自然界と人間活動との相互作用を十分に理解したうえで、科学的な根拠に基づいた対応を、広い視野と永い時間的展望のもとで進めて行く必要があります。

　この緊急な課題に応じて、岡山ユネスコ協会では、身近な郷土岡山における「自然の営み」と、さまざまな「人間活動」の相互作用で生じてくる「地域環境」の現状と、その変化の過程を分かりやすく説明し、その変化に対応しながら、国際的な連携のもとに人間社会の永続的な発展を維持していく方策を考察する学習書の出版を企画しました。

　本書では、まず第1章で、自然環境の基本的構成要素である大気、森林、川、湖、海、土について、その「自然のはたらき」をできるだけ基礎的な科学知識に基づいて総合的に解説しています。

　次に第2章では、とくに岡山における自然環境の特徴をなるべく具体的な例を挙げて説明し、そこでのさまざまな人間活動、たとえば現代の生活様式や農林、水産、工業などの産業形態と岡山固有の自然環境との複雑な相互作用を説明しています。

　とくに最近の日常生活や産業活動によってもたらされつつある廃棄物、資源・エネルギー・食糧、さらには新しい化学物質の放出などの緊急な環境課題も最新の情報に基づいて解説しています。

　さらに第3章では、「地域環境」と「地球環境」の密接な相互関連性を具体例に基づいて説明し、その問題解決のためには、広い視野のなかで長期的な努力の必要なことを強調しています。その具体的な努力のあり方については、国際的な場での環境問題の論議の内容を歴史的に紹介し、国際的な共通の認識に基づいて、それぞれの地域での日常の生活スタイルの変革や環境教育・環境学

習の重要性、有効性を指摘しています。

　本書の特色としては、単に環境問題を狭義の環境汚染問題に限らないで、人々の安全と安心を脅かす自然災害や、資源、エネルギーの枯渇まで含めた広義の環境問題を対象とし、その問題発生の基礎的過程から対応策まで含めて解説しています。
　またとくにユネスコ（UNESCO国際教育科学文化機関）の理念に沿って、「地域環境」と「地球環境」の相互関連の重要性を強調しています。
　さらに執筆者としては、岡山ユネスコ協会の会員に限らないで、それぞれの専門分野に応じて、広く学者、行政関係者や民間の環境活動家に積極的に参加していただき、一般家庭や市民社会での日常の生活活動や生涯学習活動のあり方についても具体的な提言をいただいています。
　なお、上述のような広汎な内容を一冊の書籍にまとめることは至難の技ですので、本書は入門的、概説的な段階の解説を主目標にしていますが、読者の今後の自発的学習を積極的に支援できるように、入門書から専門書にわたっての多くの参考文献（引用文献をふくむ）を幅広く紹介しています。執筆者の専門分野や職業が異なるために、項目によって文献の紹介の仕方がやや異なっている箇所がありますが、地元行政機関の出版物をふくめて、できるだけ懇切丁寧に多様な文献を整理、掲載するように努めています。それは、これからの読者の発展的自主学習に大きな期待を寄せるためです。

　最後に、本書の刊行は、ユネスコの民間協力組織である岡山ユネスコ協会の事業にふさわしい企画であることに深いご理解をいただいて、積極的なご協力を賜った執筆者・㈱大学教育出版の皆様をはじめ協会内外の多くの方々のご尽力の成果であることを記して、ここに厚く御礼申し上げます。

　　2004年6月　　　　編集代表者　岡山ユネスコ協会顧問　奥田　節夫

岡山の自然と環境問題
目　次

出版にあたって i

まえがき iii

第1章 総論 自然と環境 1

   1−1 大気のはたらき 1
   1−2 森林のはたらき 9
   1−3 川・湖のはたらき 24
   1−4 海のはたらき 34
   1−5 土のはたらき 38

第2章 岡山の自然と環境問題 47

   2−1 大気 47
   2−2 森林 58
   2−3 河川、湖沼 70
   2−4 温泉、地下水 83
   2−5 海 95
   2−6 生態系の特徴と保全 116
   2−7 廃棄物問題 127
   2−8 資源、エネルギー、食糧の問題 137
   2−9 化学物質 148

第3章　地域環境と地球環境 ……………………………… 168

3－1　地域環境と地球環境の相互関連性 ………………… 168
3－2　環境対策と環境関連法 ………………………………… 169
3－3　自然と人間との共生 …………………………………… 171
3－4　私たちのくらしと環境ガバナンス ………………… 180
3－5　NGO・NPO活動 ……………………………………… 190
3－6　環境教育・環境学習 …………………………………… 198
3－7　環境アセスメント ……………………………………… 205
3－8　世界の動き（ヨハネスブルグサミットを受けて）……… 213

あとがき ……………………………………………………… 223

索　引 ………………………………………………………… 225

第1章

総論　自然と環境

1-1　大気のはたらき

(1) 大気の組成

　地球上を取り巻いている空気は、水蒸気を除いた体積を100としたとき、酸素21、窒素78の割合で構成されています。残りの1の中に含まれる二酸化炭素はたった0.03くらいですが、温暖化問題では大きな役割を果たしています。水蒸気を含めた体積を100としたとき、その中の水蒸気は多くても3程度しか混じっていませんが、それがあるからこそ雨も降るし、雪も積もるのです。

(2) 大気を通過する光

　光とは何か？　物理の本を見ると「狭い意味では目に見える可視光線を意味するが、可視光線だけでなく赤外線から紫外線までの電磁波を総称して光という」とあります。では「電磁波ってなんだ」となりますが、そのあたりのことは物理の参考書（例えば鳴海[1]）で調べてください。

　また、このような光の色や波長はその光源の温度で決まります。例えば可視光は光源の温度が5,700℃前後のときに発生し、温度が高いほど色は紫に近く波長は短く、低いと赤に近い色で波長は長くなります。赤外線はその表面が400℃程度以下のときに発生します。ちなみに、5,700℃は太陽の表面温度ですから、可視光は太陽表面で発生します。一方、地球の表面温度は−20℃から50℃くらいの間ですから、もちろん400℃以下、つまり地球表面から出ていく放射は赤外線ということになります。太陽からやってくる可視光と、地球から出ていく

表1－1　電磁波の波長と一般的な名前

波長（nm）	10^{-2}以下	10^{-3}～1	1～400	400～800	800～1,000	1,000以上
名称	γ線	X線	紫外線	可視光線	赤外線	電波

注：波長の単位nmはナノメートルと読み、十億分の1メートルのことです。

赤外線とでは表1－1に示すようにその波長が違います。このことに着目して、気象学では、太陽からの電磁波（放射）を短波放射または太陽放射、地球の放射する電磁波を長波放射または地球放射と呼んで区別しています。電磁波の波長と色との関係を表1－1に示します。

　こういう光は、またエネルギーの1つです。冬の寒い日に、背中に太陽からの光が当たると背中が暖かく感じるのは、着ているセーターなどに光のエネルギーが吸収され、熱になるからなのです。光が熱になるためには何かに吸収される必要があります。光が何かを素通りしたり、全部反射されてしまったのでは熱になりません。また、ある物質がある光をどの程度吸収するかは、その物質そのものとその表面の性質、場合によっては光の入る角度などによって決まっています。

(3) 地球の放射収支

　地球の大気中のすべての自然現象を起こすエネルギー源は、ほとんどが太陽からの放射です。しかし、地球に太陽放射がやってくるだけでは、地球にエネルギーが溜まるばかりで、地球がどんどん高温になってしまいます。地球の温度がほぼ一定であるのは、太陽からやってくるエネルギーと、地球が失うエネルギーとがちょうど同じ量であるからなのです。このことを「地球の放射収支はちょうどバランスしている」と表現します。

　大気のない地球を考えると、放射収支がバランスしたときの地球の平均的な表面温度は－18℃となって[2]、現存する生命は存在できません。一方、大気があるとそれは26℃にもなります[3]。これは大気が放射の一部を吸収して地球を暖めていることを意味しており、大気の温室効果と呼んでいます。農家や園芸家の使っている温室のガラスと似た役割を大気がしているので、こう呼ぶのです。ちなみに、月は太陽からの距離は地球と同じくらいですが、大気がありま

せん。月の昼の温度は100℃を超え、夜は－170℃くらいだそうです[4]。これだけのことでも、大気はもっともっと大切にすべきだということが分かります。

　最近の全地球的な環境問題として騒がれている地球温暖化現象は、この大気の中に二酸化炭素が際限なく増えてきているというところに原因があるのです。二酸化炭素という気体は、地球放射に含まれている赤外線を大変よく吸収するのです。地球放射によって太陽放射による温度上昇を防ごうとしているのに、その地球放射が宇宙空間に出ていこうとする途中で大気に吸収され、大気の温度を高めようとするのです。

　図1－1に、過去140年間の地球全体の平均気温の変化を示します。この図の縦軸が「気温」でなく、「気温の偏差」であることに注意してください。偏差というのは、この場合、使用した世界中の各観測点での1961（昭和36）年から1990（平成2）年までの30年間の平均値（このような30年間の平均値のことを気象学では「平年値」と呼んでいます。）と、各観測点の毎年の平均値との差のことです。気温を測っている気象台はいろんな高度にあり、また年平均気温の求め方もそれぞれ国によって違っています。このような方法によってそれらの違いを消去し、年による違いだけを取り出しているのです[5]。図1－1に示されているのは、その偏差を世界中について平均したものです。同図には棒グラフと曲線が描いて

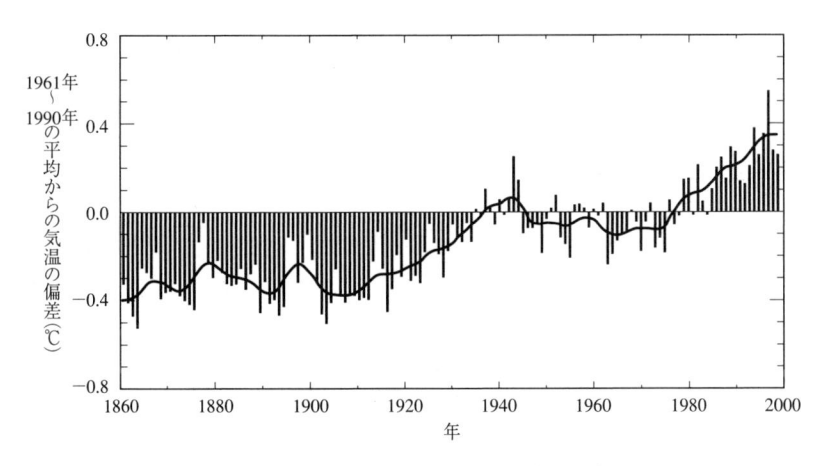

図1－1　地球全体の140年間の平均気温の変化
出所：IPCC第3次報告書を一部改変。

あります。前者は毎年の値、後者はそれの5年間ずつの平均値を1年ずつずらせていって求めたものを曲線で結んだものです。後者のことを、5年移動平均値と呼んでおり、小さな凸凹をならして大まかな変化を見るのに便利です。

そこでもう一度図1－1を見てみましょう。最近の地球全体の平均気温の上昇傾向は、大変明瞭です。1961（昭和36）年から1990（平成2）年までの間の全球の平均気温を基準とすると、いまから140年くらい前にはその基準より0.4℃くらい低温で、現在はそれより0.4℃くらい高温、したがって140年の間に地球全体では約0.8℃くらい上昇した、ということを示しています。このことは3－7も参照してください。

(4) 大気の鉛直構造とその鉛直方向の動き

大気の鉛直構造は地球表面から順に、大気境界層、対流圏、成層圏というように3つの層に分かれています。大気境界層は対流圏の一部と考えてもよいのですが、環境問題など地球の表面近くの問題には大きな関わりを持っています。この大気境界層は大気の運動に地球と大気の間の摩擦力が強く効いている層で、この中では気象現象の1日の変化がはっきり分かります。対流圏は低気圧や高気圧などの気象現象が起こり、空気の対流現象（鉛直面内の運動）が盛んな層です。成層圏はそれに対し対流はあまり起こらず安定した層状になったところです。こういう大気の運動状態に着目した分け方に対し、オゾン層のように、そこの成分の特徴を示す名称もあります。これらをまとめたのが図1－2です。

対流圏と成層圏の気温の鉛直分布の違いに注目しましょう。対流圏では高さが高いほど気温は下がっていくのに対し、成層圏では高くなるほど気温は上昇しています。ここで、高さが高いほど気温が下がっているというのは、どういう状態なのかをもう少し考えてみます。まず、同じ体積同じ圧力の空気塊が2つあり、一方は暖かくもう1つは冷たいという状態を考えると、暖かい空気塊は冷たい空気塊よりも軽くなっています。なぜなら最初同じ温度の空気塊の一方を暖めると、膨張して体積が増加します。温度を上げてから同じ体積にしようとすると、その空気塊からいくらかの空気を減らさないと（つまり重さを減らさないと）同じ体積にならないからです。結局、高さが高いほど気温が下が

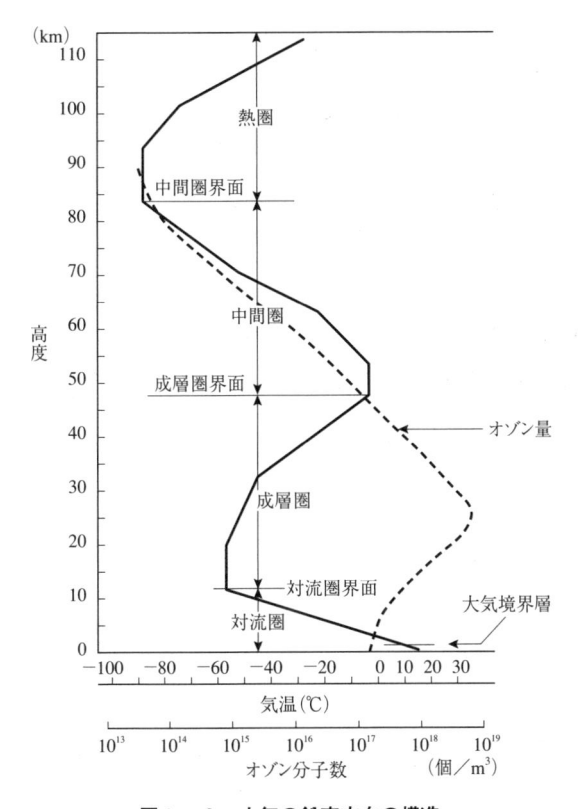

図1−2 大気の鉛直方向の構造

っているという状態は、下に軽い空気があり、上に重い空気があるということになっています。この状態は起き上がり小法師を逆さに置いたような状態で、ちょっとしたショックでひっくり返ろうとします。こういう状態を大気の不安定と呼んでいます。逆に成層圏のような高さが高いほど気温が高いような状態では、下ほど重い空気があるということになりますから多少のショックではひっくり返らず、安定した状態が続きます。

　冬に天気予報を聞いていると、「明日は上空に寒気が流入するので一般に曇りがち」などと言う場合があります。これは高いところに冷たい空気が入ってきて不安定になり、上下混合が激しくなって、それに伴って上昇気流が発生し、したがって雲が多くなるということをいっているのです。一方、夏の入道雲は

地面が強く熱せられることによる上昇気流で発生します。どちらも、「高いところほど温度が低い」という条件が満たされています。入道雲といえば、発達中のモクモクした動きを観察していると上昇気流の激しさが実感できます。ときにはこのモクモクがある高さで止まってしまい、そこで雲が上にではなく水平に広がっていくのが見えることがあります。これは、入道雲の最高点が図1－2の対流圏界面に達して、それより上には入り込めなくなってしまったのです。

対流圏あるいはその最下部の大気境界層の中でも、条件が整えば、その一部で安定な層が形成されることがあります。それについては1－1（7）を見てください。

(5) 大規模な大気のはたらき

自然現象は基本的に、規則正しい状態から不規則な状態へと変わろうとする傾向をもっています。筆者が高校生の時、物理の先生に「このことは君らが授業を受けるときの態度と同じだ」と大変分かりやすい解説をしていただいたのを覚えています。大気の場合、規則正しい状態というのは、何かの理由で温度に地域的な差が生じたというような状態です。こういう状態を自然のままにしておくと、その温度差が解消するような向きに変化が起こります。気象現象は基本的に、大気中の熱の分配を一様にしようとする方向に起こるものと考えて差し支えありません。

地球上で実際に起きていることは次のようになっています。赤道近くでは、地球表面が太陽放射を90°に近い角度で受けるために、極近くでよりもたくさんのエネルギーを受けてより高温になります。その温度差を解消する向きに風が起こり、赤道でたくさん受けた太陽からのエネルギーを他の地方に運ぼうとします。これが大気大循環と呼ばれる大気の運動の始まりで、ジェット気流や高、低気圧それに台風などもその結果として生成されており、それぞれ熱が、赤道地域から極地域に分配されるのに貢献しています。

季節風と呼ばれている風があります。日本では冬にはシベリア方面から、夏には北西太平洋方面から吹き込む風のことです。季節によって吹き方が違うので季節風と呼ばれます。夏の南風は太平洋からの風、冬の西風は中国大陸から

の風です。夏・冬それぞれ中国大陸と太平洋とどちらが冷たいかを考えると、夏も冬も風の吹いてくる方が冷たいことが分かります。つまり、このような風は冷たい方から暖かい方に吹いています。このことは次章2−1（2）で述べる海陸風でも同じです。要するに、季節風も海陸風も温度差のあるところで発生し、その温度差を解消しようとして空気を動かしているのです。

　ここで、暖かい空気と冷たい空気とが隣同士で並んだとき、なぜ冷たい方から暖かい方に動くのかを簡単に説明しておきます。上述のように暖かい空気は軽く、冷たい空気は重いので、重い方は軽い方の下に潜り込もうとするからです。このことからも想像されるように、大気の底、つまり地表ではそうであって、上空では逆に冷たい空気の上に暖かい空気が入り込むことになります。

(6) 小規模な大気のはたらき

　ここでいう小規模というのは、水平方向10km以下、鉛直方向には500m以下くらいの範囲の規模で、図1−2に書いた大気境界層内の現象です。500m以下という小さな現象が気象現象にどんな関係があるのか、と思われるかもしれません。しかし1−1（3）の最初に述べたように、ほとんどすべての気象現象は、太陽から放射としてやってくるエネルギーによって制御されています。その太陽からやってくるエネルギーの9割近くは大気の層は通り抜け、地面によって受け取られ、一度地表に吸収された後大気に伝えられることになります。したがって、地表面近くの気象状態で太陽からのエネルギーをどれだけ大気に伝えるのかを決めることになり、大変重要なのです。

　その他、都市域の温暖化をもたらすヒートアイランド現象や、煙突や自動車からの排ガスの拡散などもこの規模の現象によって支配されています。それに何よりも皆さんが生活しているのは、この大気境界層の中なのです。環境を論じようとするときに、規模が小さいからといって軽んじてはいけません。

(7) 逆転層

　ここでは、前節の最後に触れた煙などの拡散に関連したことをもう少し述べます。地面近くの気温分布を考えてみましょう。図1−3を見てください。昼

間はまず地表面が太陽放射で暖められますから、地表面に近づくほど気温は高くなっています。一方、夜は地球放射によって地面から冷えていくので、地表面に近づくほど気温が低くなるはずです。つまり、図1−2に大気の平均的な状態を示しましたが、その図の最も地面に近い部分では、1日のうちでも昼と夜とで違うのです。図1−2と図1−3とは、高さの範囲がまったく違います。図1−3のH2の高さは通常1km以下です。昼の状態は図1−2の対流圏の中の状態と同じで不安定、夜の状態は成層圏の状態と同じで安定です。昼間は地面近くで対流が起こって上下の混合が起こるけれど、夜にはそれは起こりません。このような上空ほど気温が高い状態にある気層を逆転層と呼んでいます。

　図1−3の実線と点線の間に描いてある破線は、夜が明けて昼間になる途中の状態です。日の出のあとは、地面から先に暖まるので図1−3の破線のような状態で実線の昼の状態に移行します。すると、最も気温が低くなるという高さ（図1−3のH1）があって、それが段々高くなっていって昼の状態に戻ることになります。この高さの気温の状態は図1−2の圏界面の上下付近の状態と同じです。ということは、その高さのところでは下から上へは拡散しないという、ちょうど入道雲が圏界面でそれ以上上がれないというのと同じ状態になるわけです。

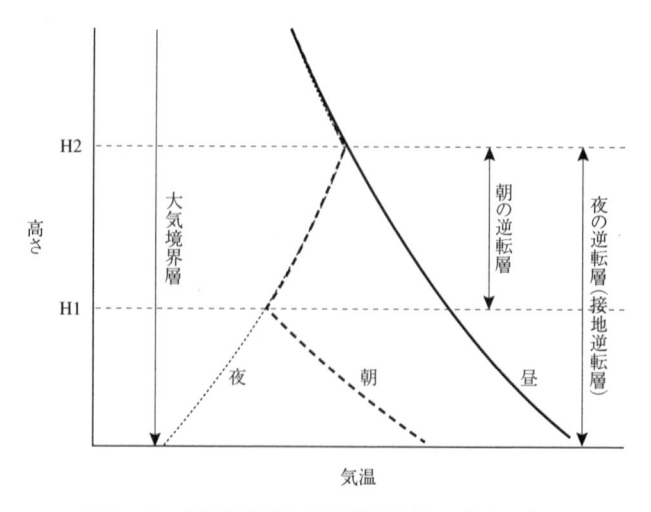

図1−3　大気境界層中の気温鉛直分布の昼夜の違い

これに関連して、もう1つ逆転層で公害問題などで重要になるのは、接地逆転層（2-1（2）も参照してください。）と呼ばれるもので、図1-3の点線のように逆転層の最下部が地面にまで達している状態のことです。こういう状態から図1-3の破線の状態になったとき、もし煙突の高さがH1より低いと、煙は下（人の住んでいるところ）には拡散するが上には拡散できないということで被害を大きくする可能性があります。岡山県の水島コンビナートの公害裁判では、裁判関係者にこのような現象があることを理解してもらうことから始めなくてはならなかったので大変だったそうです。

参考文献
1）鳴海元『物理学の歩み』培風館、pp.97-103、1979。
2）岡山ユネスコ協会編『新版 市民のための地球環境科学入門』大学教育出版、p.62、1999。
3）小倉義光『一般気象学』東京大学出版会、p.129、1984。
4）相賀徹夫『日本大百科全書』小学館、第15巻、p.803、1987。
5）気象庁『異常気象レポート'99（各論）』p.50、1999。

1-2 森林のはたらき

(1) 生態系

　地球ができたのは約46億年前と考えられています。誕生後間もない約38億年前、岩石から噴出した水が原始の海をつくり、その中で生命の基が誕生したと考えられています。その構造は現存するウイルスよりも簡単であったと思われますが、生物最大の特色である増殖能力を備えていました。盛んに自分の複製を作るだけでなく、早い段階で自分とは少しずつ違った種類の生物をもつくる能力を獲得したようです。これが生物進化の始まりです。
　以後今日まで、生物は種類を増やし続けてきました。もちろん、すべての生物種が生き残ったわけではありません。他の生物種によって滅ぼされたり、数

度にわたる地球規模の環境激変に対応できずに多くの生物が消えていきました。このような試練を経てもなお、今日の地球上には数千万種の生物がいると推測されています。

すべての生物は、自分自身が生き、子孫を残すために、温度や光、水や栄養などの物理・化学的な環境に適応するだけでなく、他の生物たちとの関係（生物環境）をもうまく維持していく必要があります。このようにして形成される一体化した世界を生態系といいます。すべての生物種は完成された生態系の中だけで安定的に生息し、持続的に子孫を残すことができるのです。生物種はほとんど無数といってよいのですが、その生態系内でのはたらき（役目）で分類すると、たったの「3種」です。このことを表したのが、図1-4です。「生産者」（緑色植物）は、無機物である水、二酸化炭素と、微量の無機塩類から有機物を合成し、「消費者」は生産者あいるは他の消費者を食べて生きています。「分解者」と呼ばれる生物群は、消費者と同じ他の生物を食べますが、落葉や死骸のような枯死した有機物のみを利用し、それを水や二酸化炭素、栄養塩類など、元の無機物にしてしまいます。このため、分解者は「還元者」とも呼ばれます。この基本的な構造はすべての生態系に共通のものです。

この構造（分業体制）によって、生態系においては、すべての物質と物質の中に蓄積された太陽エネルギーが留まることなく移動しているのです。これを生態系における物質循環と呼んでいます。生態系が持続的、安定的に存在できるのは、この完全無欠の循環システムがあるからなのです。

生物群相互間の関係を通じて、物理・化学的要素であるエネルギーと物質が

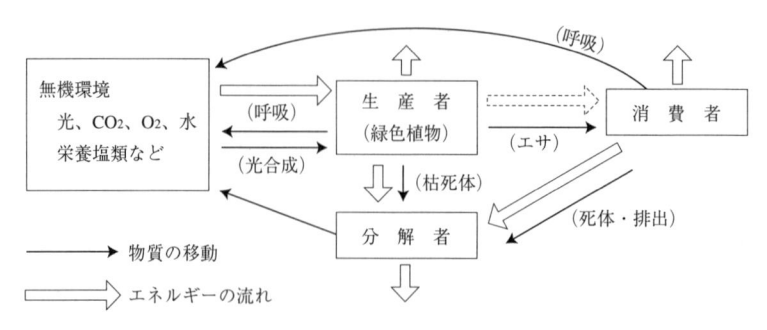

図1-4　生態系におけるエネルギーと物質の流れ[7]

移動する物質循環の別の意義は、物理・化学的な環境が生物の存在とそのはたらきの支配を受けているということです。温度や養分などの物理・化学的要因が生物の存在やはたらきを規制することはよく知られていますが、生物の方も物理・化学的環境に影響するのです。このような相互作用関係は、生物が存在する地球だけの非常に特徴的なものなのです。言い換えれば、地球そのものが全体で生態系を形作っているのです。

1つだけ例を挙げておきます。現在の大気には酸素21％、二酸化炭素0.03％が含まれますが、地球が誕生して間もない時期の原始大気は酸素0％でした。二酸化炭素については諸説がありますが、15～25％ぐらいではなかったと考えられます。いずれにしても、今日の地球大気とは全く逆だったのです。27億年前、浅い海底に現れた藍色細菌（シアノバクテリア）は早くも光合成能力を持ち、二酸化炭素を有機物に変え、酸素を放出することにより、現在の酸素濃度のほぼ15％まで上げたと考えられています。さらにその後、陸上に進出した植物群による盛んな光合成により、大気組成は完全に逆転し、今日の比率となったのです。そして、この比率を維持していくためには、地球上に光合成能力を持った大量の酸素の生産者が存在しなければならないのです。地球で最も大量の酸素の生産者を抱える生態系は森林です。大量の生産者を持つ生態系は、同時に大量の消費者と分解者も抱えています。地球上で始まった生物進化の道は森林生態系形成への道であったといえます。

(2) 植生

地球上の物理・化学的環境は非常に多様ですから、地球上にはさまざまな生態系が存在することになります。ここでは陸上の生態系に限って話を進めます。生態系の特徴は、基本である生産者によって決まります。ある地域がどのような植物群で覆われているかという観点から生態系を区分したものを、植生分類といいます。植生の特質はどうして決まるのでしょうか。ロシアの土壌学者ドクチャエフ（1898（明治31）年）は、土壌の特性が、①気候条件、②地質条件、③地形条件、④生物要因、⑤時間　で決まるといっています。これはそのまま、植生の特性にも当てはめることができます。さらに、これらの要因のほかに、

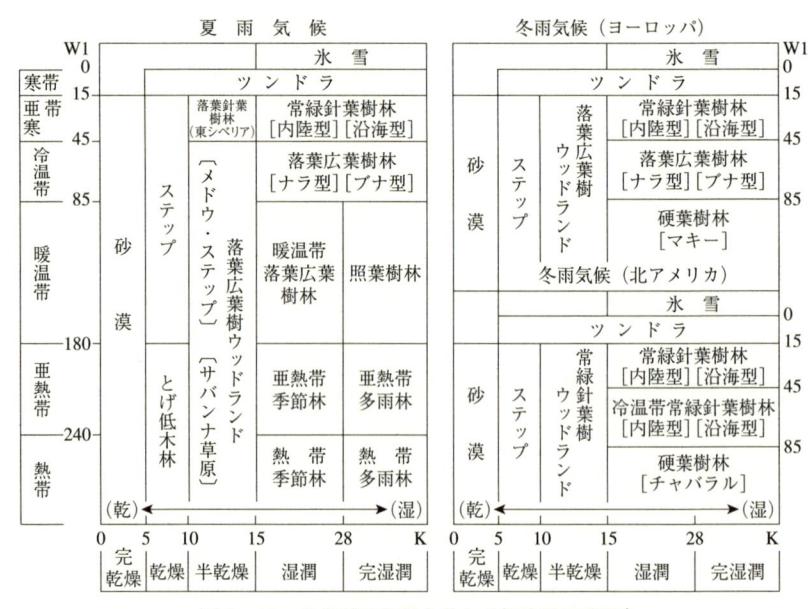

図1-5 北半球の気候条件と大生態系の関係[1]

注：WI；暖かさの指数：月平均気温の5℃以上を年間積算したものです。

⑥人為干渉を加えなければならない場合も多くあります。

　これらの要因のうち、最も影響力の大きいのは気候条件、なかでも温度環境と水分環境が重要です。地理学で使われる大気候区レベルの気候条件と対応する広域の植生（大生態系と呼ばれる）の関係を示したのが図1-5です。実際の分布は図1-6のようになります。ここで注目すべきことは、植生の違いに強く影響するのは、温度条件よりも水分環境であり、森林が成立するのは十分な水分がある地域に限られます。日本は降水量が多いため、全土で森林が成立しますが、温度条件により異なったタイプの森林が図1-7のように出現します。

(3) 時間とともに変わる植生

　先に、植生を決定する要因の1つとして時間があると述べました。造成宅地などが放置されますと、いつの間にか背丈の低い草が繁り、ついで高茎の草、やがて灌木が生えてきます。ある場所に出現する植物群が時間とともに変化する現象を「植生遷移」といい、どんな場所でも必ず起こります。

図1−6 世界の大生態系分布[3)]

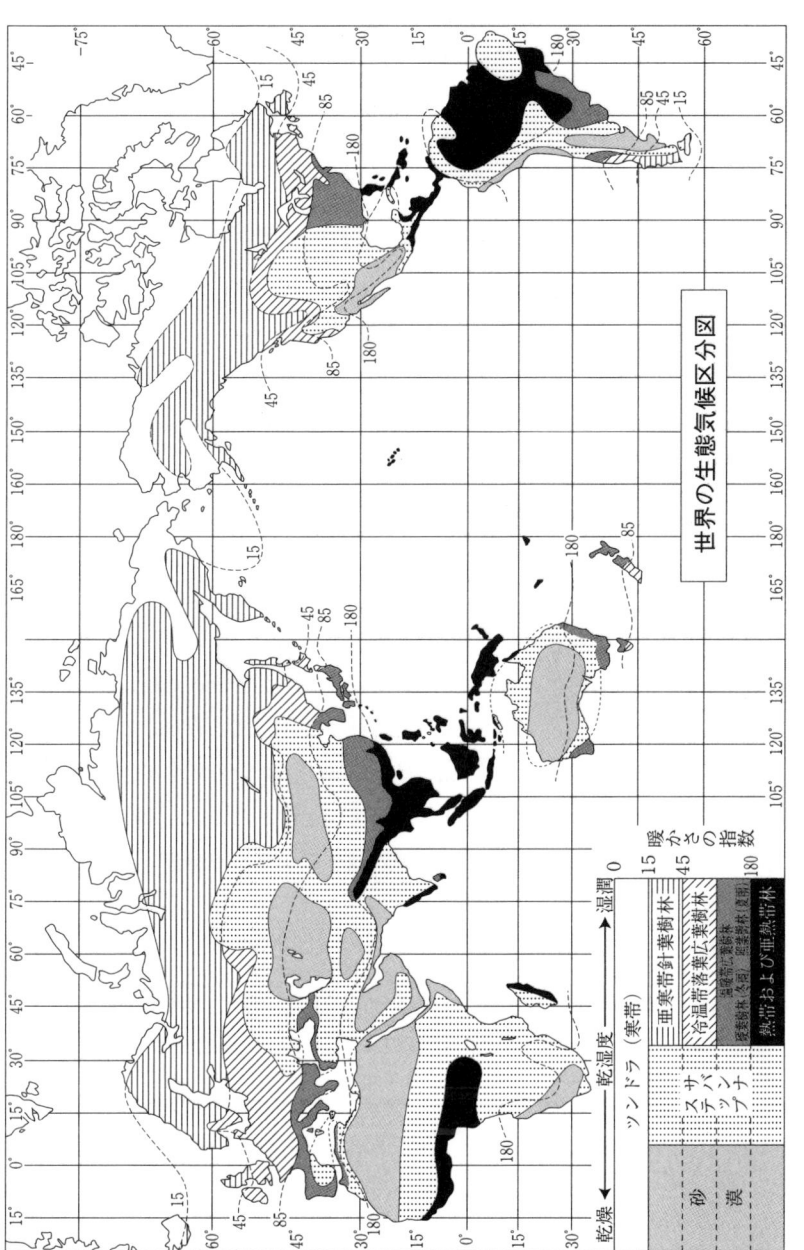

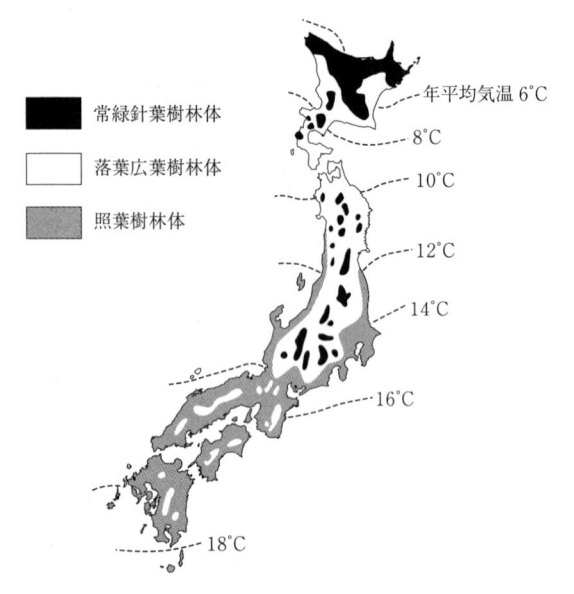

図1-7　日本の森林帯分布[2]

図1-8に長い期間の植生遷移の例を示しました。このように、干拓され1木1草もなかった海底が、600年以上かかって常緑広葉樹林であるスダジイ林に変化しています。では、この後スダジイ林はどう変化するのでしょうか。もうこれ以上変化しません。実は、見かけ上の変化はないのですが、森林の内部では老木が枯死し、若木が芽生え成長をしています。このような変化はありますが、構成する植物種が変わらないため、同じ植生（この場合スダジイ林）と

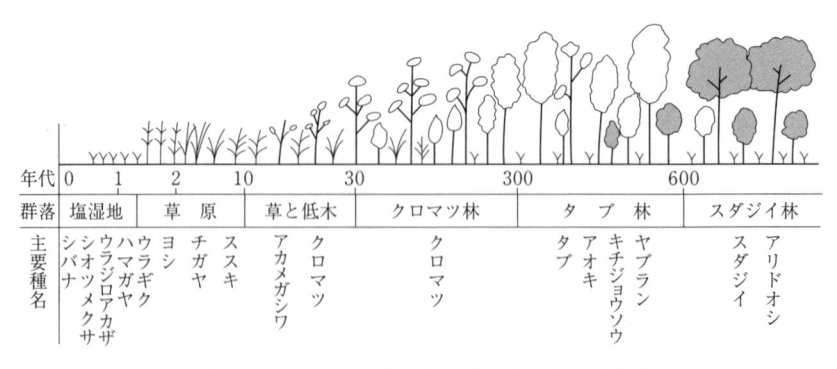

図1-8　沖積平野の干拓地における植生の遷移[7]

して存在し続けるのです。このスダジイ林のような状態の植生を極相（極性相）と呼びます。この極相が、先に述べた5つの要因によって自然が決定したその地域の植生（自然植生）なのです。極相にまで到達した植生は、大変安定していて持続性があります。この安定した持続性を保障するのが完全な物質循環システムで、極相の植生では物質は過不足なく循環しており、足らないものはなく、余ったものもありません。

(4) 植生の生産力

植生（植物生態系）内における物質循環の始まりは、植物による有機物の合成です。この反応は太陽エネルギーを使って行われので「光合成」と呼ばれています。光合成はただ有機物を合成しているのではなく、同時に光エネルギーを化学エネルギーに変えて封じこめています。この化学エネルギーが消費者や分解者の活動を支えるだけでなく、生産者の植物自身が生きていくためにも使われるのです。

このような植物による有機物の生産過程を簡単にまとめると、次のようになります。

【光合成された有機物全量】－【植物が消費した有機物量】＝【植物体量】
【光合成された有機物全量】を「総生産量」、【植物が消費した有機物量】を「呼吸量」、【植物体量】を「純生産量」といいます。そして、ある地域に存在する「植物体量」の総量を「バイオマス（現存量）」といいます。これらは、すべてある植生の規模や機能を表す基本的に重要な指標です。

地球上で、これらの生産指標が最も高い生態系は森林です。全陸地のバイオマスは、人類文明展開以前で2.40兆t、現在でも1.24兆tあると推定されていますが、その約93％は森林にあります。バイオマスが多いのは、森林が永年性の樹木の集団であるため、純生産量が蓄積されるからですが、純生産量で見ても全世界純生産量の47％、陸域純生産量の71％をを占めています。施肥その他で生産性を上げた農耕地でも、森林の30％にしか過ぎません。しかも、森林の面積は全陸域の38％、地球全体の11％を占めるに過ぎないのです。この地球を支えていく上で、森林がいかに重要な位置を占めているかが分かります。そし

て、中でも熱帯地帯の森林は陸域のバイオマスの約半分を占め、純生産量の約1/3を担っています。

(5) 森林の環境保全機能

森林が、植生の中でもとりわけバイオマス（現存量）や純生産が多いことが分かりましたが、ここではこの森林の存在が私たち人間にとってどのような役割を果たしているかという観点から見てみましょう。森林の機能は大きく3つに分類できます。1番目は、木材供給などの生産機能です。2番目は森林が多種類の植物群で構成される上、消費者生物群と分解者生物群が存在しますので、多数の生物（遺伝子）資源の貯蔵庫としての機能があります。特に、熱帯林では、全地球生物種の約半数がいるといわれているほどです。3番目は多様な環境保全機能です。ここでは、この環境保全機能について解説します。

森林の持つ環境保全機能をまとめたのが表1-2です。このように、森林は実に多面的な環境保全機能を持ってます。これらのはたらきは、すべて森林の第1番目の機能（生産性の高さ）と第2番目の機能（生物種の多さ）によるものです。この表からも分かるように、森林は物理・化学的な環境を維持し保全するだけでなく、人間の心理的・文化的活動の基礎にもなっているのです。特筆すべきことは、これらの非常に多面的な環境保全機能が個々に発揮されるのではなく、多重的にはたらくことです。例えば、水源かん養のためにダムが造られますが、ダムは水を貯めるだけのはたらきしかなく、また砂が溜まれば役に立たなくなります。一方、森林の水源かん養機能は、数多くの機能の一部にしか過ぎず、さらに他の機能と同時に発揮されます。

表1-2　森林の環境保全機能[4]

理化学的環境の保全	水資源環境 災害防止 快適性（衛生）維持	有効水の量と質の確保 水害、崩壊、土砂流出、雪崩、侵食等の防止等 気候緩和・空気浄化・騒音軽減等
非理化学的環境の保全	アメニティ創出 レクリエーション場 文化基盤	景観形成・生物相の多様性確保等 行楽・森林浴・スポーツ等の場等 歴史、芸術等の伝承と創出・教育等

1）保安林制度

わが国では、森林の持つ多面的な環境保全機能を維持するために、法律によって特定の森林を指定し、その取り扱いを定めています。この制度を保安林制度といいます。保安林制度は、1897（明治30）年制定の森林法において定められ、1951（昭和26）年制定の現行森林法にも引き継がれている重要な制度です。

保安林指定は、農林水産大臣または知事が行い、公的（国有・自治体有）森林でも、私有林でも指定の対象になります。指定された森林は、伐採、開墾、落葉採取、放牧など現状を変更する際は知事の許可を必要とし、許可されない場合も多いのです。税制上その他多少の特典は受けられるものの、強い制限を受けることになります。このような制限が課せられるのは、わが国では、環境

表1－3　保安林の種類と面積[9]

（単位：千ha）

区　　分	合　　計	国有林	民有林
水源かん養保安林	6,660	3,498	3,162
土砂流出防備保安林	2,150	797	1,353
土砂崩壊防備保安林	54	18	36
飛砂防備保安林	16	4	12
防風保安林	56	23	33
水害防備保安林	1	0	1
潮害防備保安林	13	5	8
干害防備保安林	90	37	53
防雪保安林	0	0	0
防霧保安林	59	9	50
なだれ防止保安林	20	5	15
落石防止保安林	2	0	2
防火保安林	0	0	0
魚つき保安林	31	8	23
航行目標保安林	1	1	0
保健保安林	663	336	327
風致保安林	27	13	14
合　　計	9,843	4,754	5,089
（実面積）	9,201	4,437	4,764

資料：林野庁業務資料

注：1）平成15年3月31日現在の数値です。
　2）同一箇所で2種類以上の保安林に指定されている場合、それぞれの保安林に計上しています。

を保全するために、森林が重要な役目を果たしているからなのです。

　保安林は期待される機能別に指定され、その種類は表1－3に示したように17種あります。同じ森林が2種以上指定されることもあるので、実面積で見ると、保安林に指定された森林は、全国で8,867千ha（ヘクタール）にも達します。これは、全森林面積の35.3％に当たり、国土総面積の実に23.5％にもなります。ここで注目すべきことは、保安林のうち、水源かん養保安林が全体の67.4％、土砂流出防止保安林が22.2％、併せて約90％を占めることです。岡山県における保安林もほぼ国と同じで、全森林面積の22.6％、県土の35.4％を占め、やはり水源かん養と土砂流出防止が97％になります。

　わが国は、環太平洋の造山地帯にあり、若くて急峻な山が多く、一方、大陸東方の中緯度に位置し、また西側に暖かい日本海があるため、台風や梅雨・秋雨前線の停滞や冬の豪雪など集中性の降水に見舞われます。このため、降ってきた水をできるだけゆっくり移動させねばなりませんが、森林がその重要な役割を担っているのです。水源かん養保安林や土砂流出防止保安林が多いのはそのためなのです。

2）森林の理水機能

　森林には多面的な環境保全機能がありますが、そのうち、特に重要な2つの機能について少し詳しく説明します。まず、森林と水の動きについて説明します。図1－9を見てください。これは、山林に降ってきた雨がどのような経路をたどって川にそそぐかを表したものです。降ってきた雨のかなりの部分は、樹冠（葉や梢）で遮られます。5mm以下の雨でしたら、約80％ぐらいは遮られてしまいますが、20mm以上では10％以下になります。年間で見ると、降雨の15～20％が遮断されます。遮断されなかった雨や葉から滴り落ちた雨は、地表に達した後、土壌の表面を流れる（地表流という）か、落葉の層を湿らせた後、地中にしみ込む（浸透という）かのいずれかの道をたどります。どちらの道をたどるかは、土壌の質によって決まります。

　表1－4を見てください。これは生えている植物の違いや地表の状態による土壌への水のしみ込みやすさ（浸透能という）を示したものです。1時間に何mmの水を浸透させるか（最終浸透レートという）で表されています。森林は、

第1章　総論　自然と環境　19

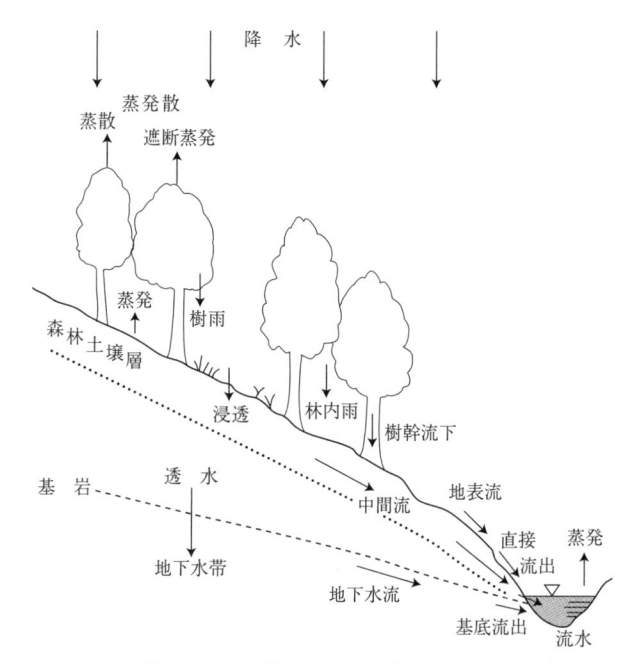

図1−9　森林に降った降水のゆくえ[6]

表1−4　地被の違いと浸透能の差[6]

(最終浸透レートmm/hr：1時間当たりに浸透する水量)

林　地			伐採跡地		草生地		裸　地		
針葉樹		広葉樹	軽度	重度	自然	人工	崩壊地	歩道	畑地
天然林	人工林	天然林	攪乱	攪乱	草地	草地			
211.4 (5)	260.2 (14)	271.6 (15)	212.2 (10)	49.6 (5)	143.0 (8)	107.3 (6)	102.3 (6)	12.7 (3)	89.3 (3)
林地平均 258.2 (34)			伐採跡地平均 158.0 (15)		草生地平均 127.7 (14)		裸地平均 79.2 (12)		

注：（　）内の数値は測定した地区数

平均して1時間当たり258mmもの水をしみ込ませることができます。草地も127mmと結構大きいのですが、森林の約半分で、畑地に至っては89mmと1／3ぐらいです。踏み固めた歩道では12mmと1／20にもなります。このように、森林では降ってきた雨は全く地表流になることはなく、すべて地中に浸透し、地中の細い隙間をゆっくり流れ、長い時間をかけて川に出てくるのです。そのこ

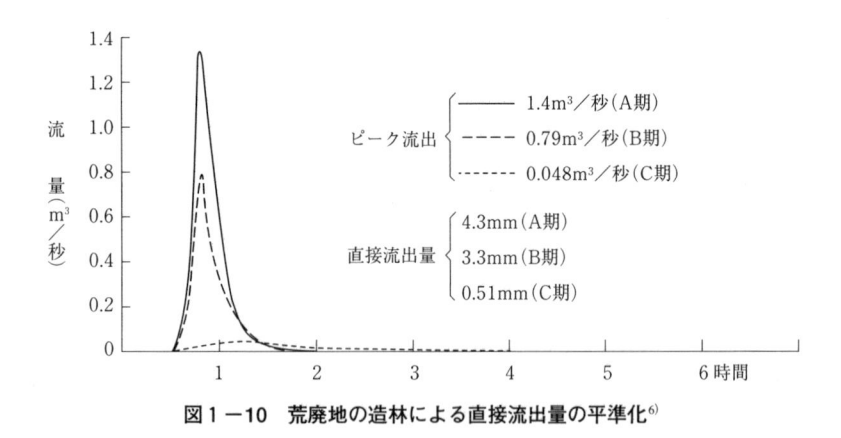

図1−10 荒廃地の造林による直接流出量の平準化[6]

とが川の流量とどのように関係するのかを表したのが図1−10です。

　この図はある荒廃地に植林がなされ、森林が再生する間の下流の川の流量を調べたものです。降雨量は同じですが、A期：荒廃地→B期：幼齢林→C期：壮齢林と森林が再生するとともに、川の流量のピークが低くなり、直接流出が少なくなっていくさまがよく分かります。ピークが高いということは、それだけ一気に水が流失してしまい、利用のできない無駄な水となってしまうことを意味します。さらに、高いピークの川にはそれだけ高い堤防を造らねばならず、災害防止上も大きな問題です。このような水の利用面、防災上の働きをまとめて理水機能と呼びます。

　森林が高い理水機能を示すのは、森林の土壌が高い浸透能を持っているからです。森林は土壌に大量の落葉や落枝を蓄え、それが無数の土壌生物のエサとなり、土壌生物は土壌を成熟させ、ふかふかのスポンジのようにするからです。したがって、表1−4にあるように、普通に森林を伐採しても土壌が破壊されるため浸透能は低下します。また、近年、わが国各地で人工的に造成したスギ林やヒノキ林の間伐（抜き伐り）が行われないため、林内が暗くなり灌木や草本類が生育しなくなっています。このような森林では落葉・落枝が流失し、土壌生物が貧弱になり土壌の荒廃が進んだ結果浸透能が落ち、表面流出が大きくなり、それがさらに落葉などを押し流すという悪循環が起き、森林の理水機能が極端に落ちてきています。

3）二酸化炭素と森林

　さまざまな証拠から、地球が確実に温暖化しつつあることが明らかになっています。温暖化には大気中に存在する数種の物質（温室効果ガス）が関係しますが、その60％以上が二酸化炭素によるものと考えられています。1997（平成9）年に開催されたCOP3：京都会議では、各国が目標を立てて温室効果ガスを削減する議定書が採択されました。日本は、2010（平成22）年までに1990（平成2）年と比べて6％削減することとしました。こうなると、森林は光合成によって大量の二酸化炭素を吸収していることから、その吸収能力が一躍脚光を浴びることとなりました。

　2002（平成14）年、日本政府は、「地球温暖化対策推進大綱」を決定し、わが国の森林による二酸化炭素吸収量として、COP7（2001（平成13）年：マラケシュ会議）で合意された年間1,300万tを目標にすることとしました。これは1990（平成2）年の排出量の3.9％に当たる大変な量です。

　森林（樹木）による二酸化炭素の吸収については、二酸化炭素の「貯蔵」と「移動」の両面から検討する必要があります。若い樹木は大気中の二酸化炭素を光合成により取り込み、有機物（樹体）として蓄積しながら成長してゆきます。大気から樹体への「移動（吸収）」と「蓄積（成長）」の両方が同時に進行しているのです。

　しかし、いつまでもこの状態が続くわけではありません。図1－11に示したように、樹木は大きくなると、自分の体を維持するためにだんだん多くの光合成有機物を消費（呼吸）するようになります。光合成によって大気から樹体へ移動する二酸化炭素量と呼吸によって樹体から大気へ移動する二酸化炭素量が釣り合ってくるのです。こうなればもう新たな「移動（吸収）」はほとんどなくなります。ただ、それまでに蓄積された二酸化炭素（樹体）は燃えたり、腐ったりしない限りは維持されます。老壮齢の樹木は貯蔵機能のみとなっているのです。

　さらに、樹木が集まった森林全体の中でも、二酸化炭素の「移動」と「蓄積」は起こっています。若い森林や植生遷移の初中期の段階では、生態系にどんどん二酸化炭素が取り込まれ、それが樹体と（落葉落枝を含めた）土壌中に蓄積

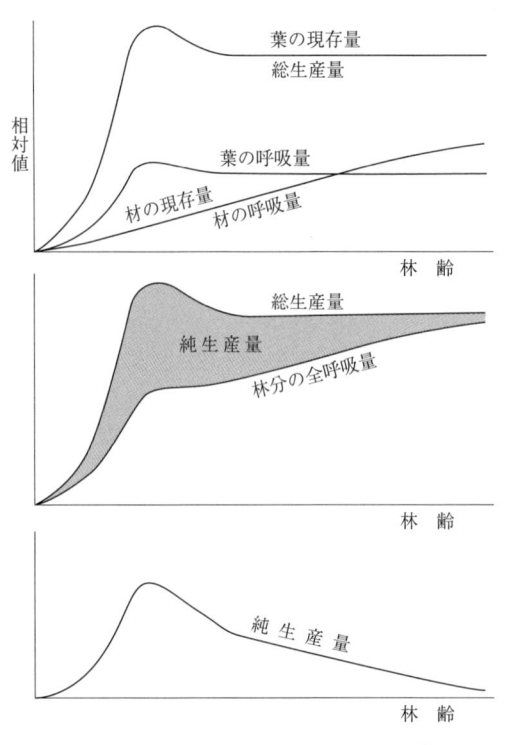

図1−11　総生産と純生産の経年変化[7]

されていきます。しかし、先に述べたように、老壮林や極相林になると、

　【樹木による有機物量生産量】＝【土壌生物による分解有機物量】

となる完結した物質循環系が確立しますから、森林生態系全体としては、見かけ上、二酸化炭素の移動はなく、樹体と土壌中に有機物が蓄積されているだけになります。

　したがって、わが国のような森林国で、1990（平成2）年二酸化炭素排出の3.9％を森林の吸収でまかなうことは容易ではありません。森林（樹木）によって吸収された二酸化炭素をできるだけ「蓄積」状態に留め、一方で「吸収」機能を活発にするためには次の方法しかありません。まず、すでに生育している樹木を、抜き伐り（間伐という）を含め、伐採して木材として利用します。大切なことは、伐採した樹木（木材）は二酸化炭素の貯蔵庫ですから、燃やした

り、腐らしたりせず、できるだけ長く使うことです。樹木を伐採した後にはできるだけ早く苗木を植え、二酸化炭素を吸収させます。

　別の見方で、森林の生産物＝木材と二酸化炭素との関係を調べてみましょう。私たちは、生活の中でいろいろな資材を使います。それらの資材を製造するためには、エネルギーが要ります。現在、私たちが使うエネルギーの多くは、石炭・石油などの化石燃料を燃やしてつくられますから、同時に大量の二酸化炭素が出ます。ある試算によると、資材1 m³をつくる際の二酸化炭素発生量（炭素に換算）を比べると次のようになります。アルミニウム：22,000kg、鋼材：5,320kg、コンクリート：120kg、合板：156kg、人工乾燥製材：100kg、天然乾燥製材：16kg、と圧倒的に木材が少ないことが分かります。このことから、住宅1軒（136m²）を建てる際の主な材料を製造する際に出た二酸化炭素量（炭素換算）は、鉄筋コンクリート造：21,814kg、鉄骨造：14,743kg、木造：5,140kg、となります。大気中の二酸化炭素を増やさないためには、森林による吸収も大切ですが、もっと大切なことは、自然材である木材をできるだけ生活に取り入れることなのです。

　地球温暖化を抑えるため、森林と木材をつなげた利用（循環利用）の意義を説明しましたが、たとえそれが十分に行われても、実は森林・木材による二酸化炭素の吸収・蓄積には限界があるのです。その理由は、地球の長い歴史にあります。

　石炭や石油が生成された頃の地球では、陸上に進出した植物が、大気中に有り余りある二酸化炭素を使って大量の有機物生産を行いました。しかし、その有機物を分解する生物群（分解者）は、まだ未発達だったため、多くの余剰有機物が生まれ、それが地殻変動などで地中深く閉じこめられ蓄積されたのが化石燃料だと考えられています。したがって、現在の森林には、太古の余った有機物を燃やして出る二酸化炭素を吸収・蓄積する余裕はもともとないのです。私たちが行わねばならないことは、森林や木材に過大な役割を押しつけるのではなく、化石燃料の使用をできるだけ制限した産業や生活をめざすことなのです。

参考文献

1) 相場芳憲『森林の種類と分布（木平勇吉編：森林科学論）』朝倉書店、1994。
2) 只木良也『森と人間の文化史（NHK市民大学）』NHK、1986。
3) 只木良也『遷移と森林生態系の保全』森林科学20、1997。
4) 千葉喬三『環境林の造成と管理（小橋澄治他編　環境緑化工学）』朝倉書店、1992。
6) 中野秀章他『森と水のサイエンス』社団法人日本林業技術協会、1989。
7) 生原喜久雄『樹木の整理と生態（木平勇吉編：森林科学論）』朝倉書店、1994。
8) 蜂屋欣二『森林の生態的見方』日本林業技術協会、1970。
9) 林野庁編『森林・林業白書（平成13年度）』農林統計協会、2002。

1-3　川・湖のはたらき

(1) 川・湖の環境における役割

　川や湖は、陸域での水環境を構成し、次のような重要な役割を持っています。
①流域からの降雨流出水を受け入れ、水害を防御し、生活用水、農業用水、工業用水等を供給するはたらき
②陸域で発生した各種の水質成分を海まで運び、また水質を浄化するはたらき
③多様な動植物を育む場所を提供するはたらき
④魚釣りなどのレクリエーション等の生活に潤いを与えるはたらき

　現在の川や湖は、長い年月にわたる人間と自然の両者の営みによって形作られてきました。歴史的には、上記の4つのはたらきのどれかに偏って重点を置いた人間の働きかけが行われたことがありますが、いずれも重要なはたらきです。
　川や湖を含めて陸域に存在する水は陸水と呼ばれ、陸水は海水と対になる用語です。陸水の存在量は、地球上の水のわずか3％程度と見積もられており、陸水の全存在量のうち氷雪は68.7％、地下水は30.1％で、残りのわずか0.27％が川・湖等における存在量です[1]。川・湖に存在する水量は極めてわずかですが、川や湖を通過する水の量は、広範囲にわたって極めて遅い速度で供給される地下水の量と同程度です。地下水では集中的な汲み上げによって、水位低下やそれに伴う地盤沈下につながることを考えますと、川・湖の水資源としての重要

性がうかがえます。

(2) 生活と川・湖

　川や湖の水は、貴重な水資源として各種の用水として利用されています。用水は、図1-12のように分類されます。

　これらの用水の水源としては、川・湖以外に地下水やため池なども使われており、工業用水は、工業用水道を経由して供給される部分と上水道を経由して供給される部分とがあります。また、生活用水には各家庭へ供給される家庭用水と、学校や病院等で使われる都市活動用水とが含まれています。

　湖の水量は比較的安定していますが、川の流量は大きく変動するので、川の流量を表すために、表1-5のような用語が使われます。一般に川の流量はm^3/sで表されsは秒を意味しており、水1m^3の重さはほぼ1tなので慣用的には毎秒〇〇トンと呼ばれることもあります。なお、年間平均流量は、平水流量よりも大きな値になります。

　また、大きく変動する川の流量は、時には洪水や水不足を引き起こします。洪水や水不足からから生活を守るために、川では水源地域の植林、ダム等による流量調節、堤防強化、各種の流出抑制対策などが行われています。洪水に関しては、流域の資産や人口などを指標にして、数10年や100年に1度の確率で襲ってくる洪水に対して安全性が守られるように対策がとられ、渇水に関して

```
用水 ┬─ 農業用水
     └─ 都市用水 ┬─ 工業用水
                 └─ 生活用水
```

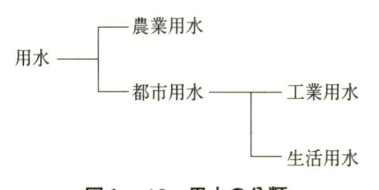

図1-12　用水の分類

表1-5　川の流量の表し方

豊水流量（豊水）	1年のうち95日はこれを下回らない流水
平水流量（平水）	1年のうち185日はこれを下回らない流水
低水流量（低水）	1年のうち275日はこれを下回らない流水
渇水流量（渇水）	1年のうち355日はこれを下回らない流水

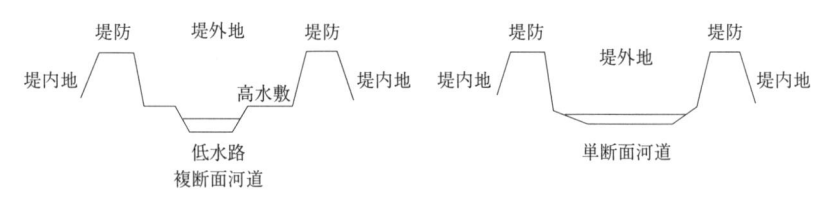

図1-13　河道の名称

は、洪水よりははるかに小さい確率年の10年や20年に1度の確率でやってくる渇水に対して水利用に支障を来さないように対策がとられます。そのため、ダムや堤防等については、流量が通常の状態の場合は有効性が認識できない反面、想定されている水準を超えた洪水や渇水の場合には、十分に対処できないという限界も存在します。確率年を大きくしていくと安全性は増していきますが、長年の内のごく短い期間だけ役立つ大きな構造物を造ることになり、経済的な負担が大きくなるだけでなく、日常的には水辺を生活から遠ざける役割を果たしかねません。そのため、どのような確率年で構造物を計画すべきかという問題と、計画で想定された水準を超える異常事態に関しては、どのような対応策をとるべきかという問題が地域ごとに検討される必要があります。

　近年では、川の流量変動が河川環境にとって重要であるという認識に変わりつつあり、流量変動が多様な河川生態系の維持に寄与してきていることが明らかにされてきています[2,3]。河川の高水敷には様々な植物が繁茂していますが、出水による高水敷の裸地化によって1年草や2年草の侵入が可能となります。裸地がなければ、多年草の繁茂によってこれらは入り込めません。なお、図1-13に河道を示しますが、高水敷とは複断面河道で洪水を流下させるために設けられた堤防に連続して平坦になった部分を指し、ここは年間数回程度の大流量の時だけ冠水するようになっています。また、出水による河床の攪乱や着性藻類や河床上の微細粒子の流出も、河川環境の維持に貢献していると指摘されています。

(3) 川・湖の水質汚染の原因と水質変化
1) 川・湖の水質変化の特徴と仕組み

　川・湖の水質は、さまざまな周期で変動します。1日の人間の活動と日照の

変化（水温と光合成に影響）による変動、1週間の事業所や家庭での活動変化による変動、季節的な生物活動の変化による変動、水質保全対策や社会活動の長期的な変化による経年的な変化、ならびに周期は決まっていませんが降水による変動などがあります。人為的汚染が極端でない大きな川では、降水による流量変動が最も大きな水質変動要因になります。湖では、降水だけでなく藻類の消長に伴う季節変動が大きくなります。このように、川・湖の水質は絶えず変動をしますので、生物化学的酸素要求量（BOD：川の場合）や化学的酸素要求量（COD：湖や海の場合）等の水質については75％値を求め、この値と環境基準値とを大小比較して環境基準が守られたかどうかを判定します。75％値というのは、水質基準点で測定された、1年間12日分（そのうち2日分は、1日に4回測定）の水質を、1日1回だけ測定する場合も日平均値と考えて、これらの日平均値を小さい順に並べ12×0.75＝9番目の値をいいます。75％という値は、通常の状態では水質基準を満足しているべきであり、河川では低水流量（275日／1年365日＝約75％）以上の流量の場合には満足すべきであるということで決められました。従来、人為的な汚染が強く表れた川では、河川流量が少なくなると各種の排水が河川流量によって希釈されずに水質が悪くなることもありましたが、現在では大きな川には当てはまらず、年間の大半は基準を満足している条件と考える方が適切です。

　前述したように、有機性汚濁に関係する水質環境基準として、河川ではBODが、湖沼・海域ではCODがそれぞれ採用されています。その理由は、測定法の原理とも関係し少し長くなりますが次のようです。BODは5日の間に微生物によって分解される有機物量を、生物分解の際に消費される酸素量で表す指標であり、有害物が共存すると測定が妨害され、また、生物分解に長時間を要する有機物は部分的にしか測定することができません。一方、CODは酸化剤を用いて有機物を酸化・分解し、その際に消費された酸化剤の量を酸素量に換算して表すもので、有害物質が存在しても、また、生物分解の速度とは関係なく測定できます。このように、BODとCODはどちらも有機性の汚濁物量を表しますが特性が異なります。

　水環境の状態は、水中の溶存酸素（DO）濃度が少ないと魚が生息できず底泥

は真っ黒なヘドロ状になり底泥からガスが発生するようになり、水も濁ってきます。そのため、酸素を消費する有機物を規制することは重要です。水域の特性を考えると、河川は流下時間が短く、流下の間に溶存酸素を消費するような生物分解が容易な有機物を規制すれば十分なのでBODが採用され、湖沼や海域では滞留時間が長く有機物の全量を規制する必要があるので、CODが採用されています。ところで、CODには、過マンガン酸カリウム法と重クロム酸カリウム法とがあり、欧米で採用されている重クロム酸カリウム法では、ほとんど全ての有機物が高い割合で酸化・分解されるので有機物の全量を測っていると言ってもよいのですが、日本で採用されている過マンガン酸カリウム法では、分解率がそれほど高くなく、全量を測っているとはいえません。そのため、日本のCOD測定法で工場排水などを測定すると、COD値がBOD値より高いとは限りません。しかし、十分な生物分解作用を受けた後の水、例えば汚水の生物処理水、湖沼水、汚濁の少ない河川水等では、COD値がBOD値より高いのが通常で、有機物の全量に近いと言えます。

　川や湖の水質変化を考える際には、浮遊性か溶解性かの区別が重要です。通常、溶解性か浮遊性かの区別は、孔径1μm（マイクロメートル）のろ紙を通過するかどうかで行います。浮遊物質は流速が遅くなると沈降し、底泥として堆積し、底泥に含まれている有機物は微生物等の働きでゆっくりと分解します。しかし、底泥は流量増加などに伴い巻き上がりが生じ、また微生物の働きや化学的変化により底泥直上の水中溶存酸素が低下すると、底泥に含まれている有機物や栄養塩などが溶出し、水質汚濁に寄与します。また、水中に含まれている成分で水に溶けにくいダイオキシンなどの有機物や重金属などは、粘土などの微細粒子やそれに付着した有機物質表面へ吸着・イオン交換などの作用で水中から移行します。そのため、重金属や水に解けにくい有機物質は、底泥に高濃度で存在し、底生生物などを経由して魚介類に移行していきます。

　水中では、上述した浮遊物質の沈降のほかにも、生物の働きによる有機物の分解、窒素やリンなどの栄養塩の摂取、部分的な窒素ガス化、紫外線による分解、水に溶けにくい有機物質の空気中への放散等も生じ、水質が浄化されます。このように自然に水質が改善されることを水質の自浄作用といいます。広義の

自浄作用には、浮遊物質の沈降分離等だけでなく清浄な水で希釈されることも含みます。これらのうち最も大きな浄化効果を持つのは、浮遊物質の沈降であり、ついで生物による分解になります。

　また、停滞性の水域では、窒素やリンなどの栄養塩濃度が十分にあり、日照や水温などの条件が揃うと、植物プランクトンが増殖するようになります。この場合には、増殖後死滅した植物プランクトンにより汚濁が進行します。このような水質の悪化を富栄養化といいます。人が住んでいない山林集水域から雨天時に流出する水に含まれている窒素やリン濃度でさえ、富栄養化の限界濃度を超えている結果が報告されており[4]、都市域や水田から流出する雨水は、より高濃度の窒素やリンを含み、富栄養化を制御するためには汚水処理だけでなく雨水流出水対策や水域内での浄化対策を含めた総合的な対策が必要とされます。なお、水草や、河床などで生育している着生生物などは、増殖する際には水質汚濁物質を体内に取り込むために浄化に貢献しますが、これらの生物は季節的に死滅し、死滅すると浮遊物質となり沈降堆積したり、下流へ流出したりして汚濁につながります。

2）川・湖の汚濁原因

　本来の川水は無色、透明なものです。そこに人間の生活、産業活動、農業活動などさまざまな人の営みと自然の作用によって、汚濁物質が流出し、小水路、河川、湖沼を汚濁し、海にまで運ばれ、海洋汚染が生じます。水質汚濁は、古くは鉱山排水の流入による重金属汚染に始まりました。しかし最近では、特定発生源と呼ばれる工場排水や生活排水、畜産排水、また非特定発生源と呼ばれる水田や畑からの農業排水、森林からの自然排水などが主な汚濁発生源になっています[1,2]。水は、図1−14に示すように、自然と人間環境の中で循環し、汚染と浄化が行われています[3]。

① 特定発生源

　汚濁物質の発生源別にその特徴、性質などについて考えてみましょう。代表的な特定発生源には、家庭排水と工場排水、畜産排水などがあります。家庭排水は、し尿と雑排水とに分けることができます。これは発生者である人の生活

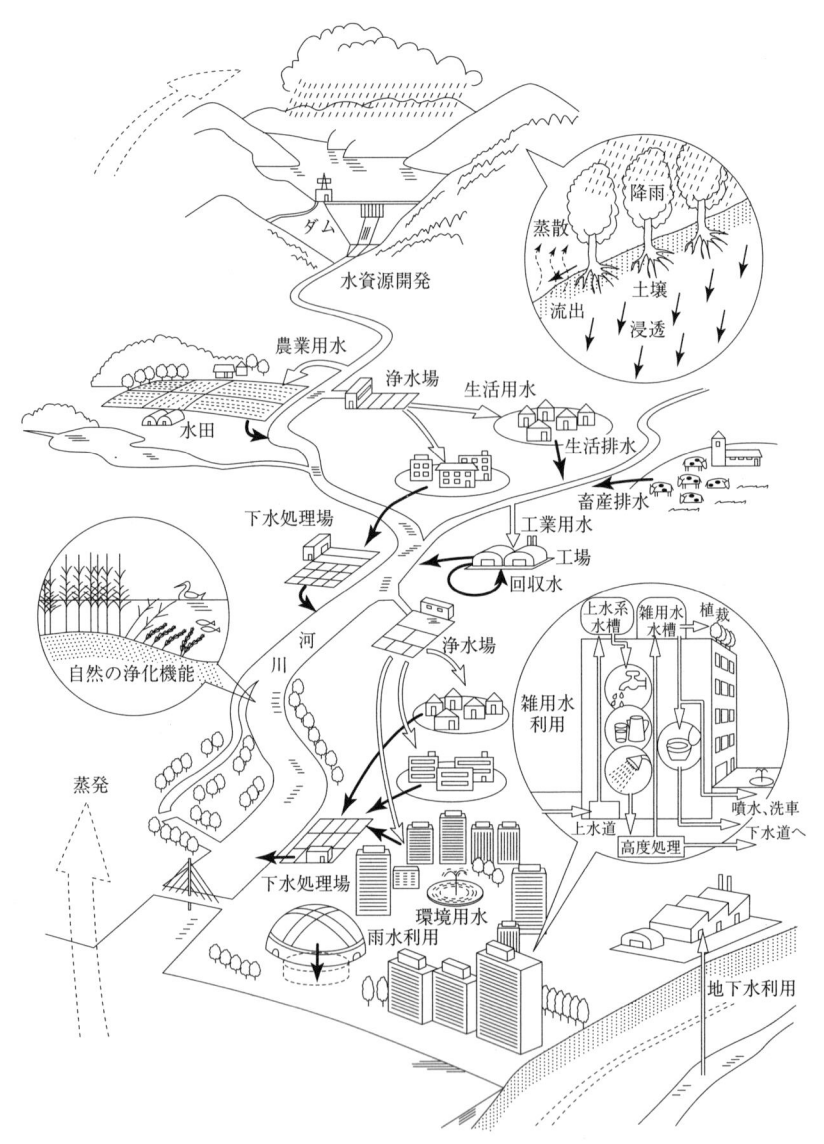

図1−14 流域における水循環と汚濁発生源[3]

習慣や食習慣によって、また都市と農村とによっても異なっていましたが、近年農村の都市化によって、その差はなくなりつつあると思われます。都市域のように下水道が完備してる地域では、下水処理場を経由して処理水が河川、湖

沼あるいは海域に放流されます。下水道といえども汚水処理は完全ではなく、BOD（生物化学的酸素要求量）やCOD（化学的酸素要求量）は処理水中に残り、特に窒素やりんの処理効率は悪いので、処理水の放流先の富栄養化の原因になります。下水道が完備していないところでは、し尿はし尿処理場を経由し、家庭雑排水は台所、風呂、洗濯排水などで、各家庭から直接水域に放流され、水質汚濁を引き起こすことになります。下水道が完備していない地域や農村地域では、生活の利便性を求めて、近年合併浄化槽の設置が進んでいます。合併浄化槽はし尿と雑排水を一緒に処理する施設であり、個別設置からコミュニティー規模までさまざまですが、下水道に比べ処理効率が悪いため、１つの流域だけで考えると、単独浄化槽よりかえって汚濁負荷量が増加することになります。このようなプロセスを考えると、下水道や浄化槽の設備があっても、台所から安易に汚濁物質を流してはいけないことを示しています。

　工場排水は業種・規模などによって汚濁物質の質・発生量ともに大きく異なってきます。さらに排水量によって排水水質基準も異なりますが、零細事業排水は無処理で放流されることもあります。

　畜産排水とは、牛や豚の飼育過程から排泄されるし尿のことですが、処理されないまま野積みされていたりすると、浅層地下水に入り込み、やがて表流水に戻ってきます。

② 汚染の非特定発生源（面源）

　非特定発生源は、特定発生源が「点源」と呼ばれるのに対して、その汚染源が広がりを持っていることから「面源」とも呼ばれています。非特定発生源には水田、畑、山林、大気降下物などが挙げられています。同じ農地であっても、水田と畑では汚濁物質の発生量は著しく異なります。近代農業は狭い面積の土地から高い生産性を得るために、多量の化学肥料や農薬を散布しています。水田では代掻（しろかき）の時に水田面の水を落とすとき、水と同時に窒素、りんなどの栄養塩と農薬が流出します。水田は稲が栽培されている灌漑期と、収穫後の非灌漑期があり、灌漑期における汚濁物質の流出は非灌漑期より多くなります。畑では水田と比べて水はけがよいために、汚濁物質の地下への浸透量が多くなりま

す。特に硝酸はマイナスのイオンを有しているために土壌に吸着されにくく、容易に地下水系に浸透していきます。周辺に畑があると、井戸水に有害な硝酸や農薬が流出し、あるいは工場からは有害化学物質が混入するおそれがあり、かっては名井と呼ばれていた井戸水が飲料水として適さなくなる場合があるのも、このようなことから起こるのです。

　山林からの流出は、枯れ葉の分解物や土壌成分が雨水によって溶解作用を受け、一部は表面水として、また一部は涵養水として地下水系に入っていくのです。今日では、山林からの栄養塩類も湖沼や海域における富栄養化の汚濁物質の1つとして算定されますが、人為的な汚濁源が問題にならなかった頃には、下流域への貴重な栄養塩の供給源になっていたのです。

　水域における富栄養化物質としての窒素、リンに変わりはありませんが、自然の営みの中から生じるものと人間の活動による汚濁源とは区別して考えなければならないでしょう。石炭や石油などの化石燃料の過剰な消費は、窒素酸化物や硫黄酸化物を大量に大気中に放出してきました。これが地上に降りそそぎ、水質汚濁の原因となっています。この大気降下物には、降水時に雨や雪に取り込まれて起こる湿性降下物と、晴天時に固体粒子として降下する乾性降下物とがあります。特に雨の降り始めには、降水による大気の洗浄作用のため、多量の汚濁物質が降下してきます。このために雨水のpHは4以下に下がることもあります。日本ではpH5.6以下の雨が酸性雨と呼ばれています。

　最近、新しい汚濁源として注目を浴びているものに、都市域での道路面から流出する路面汚濁物質があります。路面には大気降下物に加えて、自動車の排ガス、走行時に路面との摩擦ですり切れるタイヤ粉末も水質汚濁源と考えられています。燃料中に含まれる芳香族炭化水素やベンツピレンなどは、変異原物質としても特に有害な化学物質です。これらが路面排水として下水処理場に持ち込まれたり、あるいは直接河川に流入します。

　水はものを溶かす力、分散させる力が特に強いので、水と接触機会のあるいろいろなものを取り込んで、汚染が進んでいきます。汚濁物質には、天然に存在するもの、変換・濃縮されたもの、人工合成化合物があります[4]。表1-6に水質汚濁成分の分類を示します。

表1-6 水質汚濁成分の分類

1	有害有毒物質 (健康項目)	重金属 有毒物	水銀、カドミウムなど シアン、PCBなど
2	有機物など (生活項目)	有機物 酸素 浮遊物質 細菌 水素イオン濃度 電気伝導率 水温	BOD、COD、TOCで表示 DO SS 濁度、透明度 大腸菌、一般細菌 pH EC T
3	栄養塩類	窒素 リン	$T-N$、NH_4-N、NO_3-N、NO_2-N $T-P$、PO_4-P
4	その他	塩分 放射性物質 油	

参考文献

1) 宗宮功、津野洋『水環境基礎科学』コロナ社、p.4、1997。
2) 矢野悟道『日本の植生――侵略と攪乱の生態学』第3刷、東海大学出版会、pp.16-18、1991。
3) 太田次郎他編『基礎生態学講座9 生物と環境』朝倉書店、p.99、1993。
4) 山田俊郎他『森林集水域からの水質成分流出特性の比較』土木学会第51回年次学術講演会講演概要集第Ⅶ部門、pp.385-359、1996。
1) 田淵俊雄他『清らかな水のためのサイエンス―水質環境学―』農業土木学会、p.207、1998。
2) 國松孝男、村岡浩爾『河川汚濁のモデル解析』技法堂出版、pp.266、1989。
3) 大蔵省印刷局 日本の水資源、p.2、1995。
4) I.J.Higgins and R.G.Burns. The Chemistry and Microbiology of Pollution. 邦訳 綿抜邦彦監訳 地人書館、p.221、1977。

1－4　海のはたらき

(1) 海の地球規模でのはたらき

　地球は「水の惑星」と言われているように大量の水を表面に蓄え、また気体の水蒸気、液体の水、固体の氷の3態が共存している唯一の惑星ですが、その水のほとんどの部分は海に存在しています。すなわち、地球の表面積の71%は海で覆われ、地球上の水の全体積の97.5%は海に蓄えられています。

　したがって、全地球的規模の水の循環過程や存在形態は、海によって支配されているといっても過言ではないでしょう。

　具体的な例を挙げてみると、大洋を循環して流れる海水の動きは、熱帯の近くで強く受ける太陽熱を南北に運んで、地球上の熱の出入りの平均化に役立っています。

　また海水はその上の大気との間で熱量、物質の授受や力の及ぼし合いを通じて、気象現象に大きな影響を及ぼしています。

　まず熱量について見ると、海水は大気や大地表面の土に比べると温度を変化させるために必要な熱量、すなわち熱容量が大きく、また水と水蒸気の間の状態の変化に必要な熱量、すなわち潜熱も大きいので、海水温は気温、地温に比べて変動が小さく、風を通じての大気や大地との熱のやりとりによって気温の変化を緩和する作用を持っています。

　また物質の授受については、大気との間では、海水からの水蒸気の蒸発と海面への降水を通じて水の大規模な循環を維持する作用を持っています。

　さらに、大気の二酸化炭素の濃度が高いときは海水に吸収し、濃度が低いときには海水から放出してその濃度の変化を抑制する作用を持っています。

　ただし、最近のあまりにも急激な人間活動による大量の二酸化炭素の大気中への放出に対しては、海水の吸収による調節作用が追いつかないで、二酸化炭素の濃度が上昇を続け、その結果地球の温暖化が進行している状態です。

　海水と大気の相互作用が気象現象を支配する他の例としては、南米ペルー沖の太平洋で発生するエルニーニョやラニーニャと称せられる異常現象があり、

その影響は世界的な規模で広がることが認められています[1]。

　次に、上述の地球物理的な作用と異なり、生物科学的な海の特殊なはたらきとしては、過去の海の自然条件のもとで、生命の誕生は35億年以上前に海中から始まり、その後20億年前くらいから大気に酸素が含まれるようになり、それが海中に溶け込んでから海の生態系は動物の発生を含めて大きく変わってきました。その後も海洋の自然条件の変遷に伴って複雑な生態系の発達が進行し、一部の生物の陸上への移行はありましたが、海固有の自然条件（水温、水中光などの物理的条件、多様な物質の循環などの化学的条件、バランスのとれた食物網構成などの生物的条件）が豊かな生態系を維持、保存しています[2]。

(2) 日本近海での海のはたらき

　日本近海での特徴的な海水の流れ（海流）のパターンは図1－15に模式的に示されています。

　これによると、日本列島は南から太平洋岸沿いに流れる黒潮と対馬海峡を通

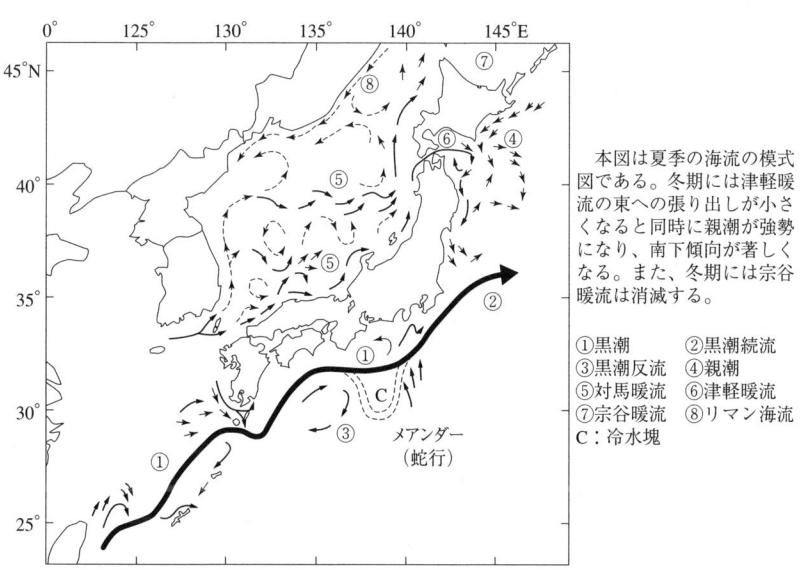

図1－15　日本近海の海流（日本海洋センターの資料による
出所：国立天文台編「理科年表1998年」丸善、(2003)。

本図は夏季の海流の模式図である。冬期には津軽暖流の東への張り出しが小さくなると同時に親潮が強勢になり、南下傾向が著しくなる。また、冬期には宗谷暖流は消滅する。

①黒潮　②黒潮続流
③黒潮反流　④親潮
⑤対馬暖流　⑥津軽暖流
⑦宗谷暖流　⑧リマン海流
C：冷水塊

過して日本海に流れ込む対馬暖流、および北から北海道、東北地方の太平洋岸沿いに流れる親潮に挟まれています。ただし、毎秒5,000万m³の世界最大級の流量を持つ黒潮の流路は、ときどき日本の南岸から沖の方に離れて流れる蛇行状態（図中破線で示す）が生じることがあり、そのときには日本列島と流路の間に低い水温をもった冷水塊（図中Cで示す）が出現します。

　このように日本列島の大部分の海岸が南からの暖流に洗われることによって、(1)で述べた海洋の気候温暖化の作用を受けることになり、同じ緯度の大陸内の地域に比べて寒暖の気温差の小さい、いわゆる海洋性の温暖な気候がもたらされています。

　上述のように日本近海では南から来た暖かい黒潮と北から来た冷たい親潮が東北地方沖の太平洋でぶつかり合っており、その両側でそれぞれ暖流系と寒流系の魚類を対象とした漁業が営まれます。

　また日本では気候的に降水が多いために、多くの河川から海に流出した河川水が沖の海水と混じり合ってさまざまな塩分、栄養塩濃度、水温を持った沿岸水域が作り出され、それに対応した生態系の発達、ひいては水産環境がもたらされ、日本全体としては世界に希な極めて多様性に富む水産業が発達してきました。

(3) 瀬戸内海での海のはたらき[3)][4)]

　瀬戸内海のように四方を陸に囲まれた閉鎖的な海域での海のはたらきは、岸の影響の少ない広大な外洋（太平洋や日本海など）でのはたらきとはかなり異なってきます。

　まず気候について見ると、瀬戸内海沿岸の陸域は、北側は平均海抜1,500mくらいの中国山地によって、また南側は平均海抜2,000mくらいの四国山脈によって囲まれているので、内海による海洋性の気候と、これを取り囲む山地による内陸性の気候を兼ね合わせたような気候特性を持ったいわゆる瀬戸内気候型が現れてきます。そこではまた、沿岸の局地的な特殊な気象現象が現れやすく、海陸の温度差による夏季の海陸風（朝凪、夕凪の現象を伴う）や、ときに交通障害をもたらすような濃霧の発生が起こります（本書2-1 (2) 参照）。

　瀬戸内海での海水の流動のパターンは、主として紀伊水道と豊後水道を通じ

て、潮汐の干満に応じて太平洋の海水が出入りするために生じる潮流によって決まりますが、海面近くの表層の流れは、風による摩擦力や沿岸の河川から流れ出てくる河川水の広がりにも影響されます。その流れは、太平洋から入ってくる海水が運び込む物質と、沿岸陸上から流れ出してくる河川水が運び込む物質の移動や拡散の状態を支配し、さまざまな物質の移動とその分布を決めます。

また海水の流れは、その中に懸濁する固体粒子の海底への沈降、堆積や海底表層の粒子の捲き上げ・浮遊の状態を左右して、海底の地形変化や底質の変化をもたらし、特に浅海域では藻場や干潟を形成し、そこに独自の生態系を発達させます。

上述のように、海水の流動と沿岸流域から流れ込む河川水の混合・拡散に支配されて決まってくる水温、塩分、栄養塩を含めた各種化学物質の濃度、濁度、底質の分布などの各種環境要素の組み合せに対応して、多様な生態系の発達、維持が行われ、その結果として瀬戸内海独自の豊かな水産環境が形成されます。

したがって、瀬戸内海での海のはたらきを詳しく知るためには、まず海水の流動のパターンをきめ細かく調べる必要がありますが、瀬戸内海の海底や海岸の地形は変化に富み、水域ごとに異なった複雑な流動系が出現しており、その正確な把握は極めて難しい状況です。

次に、瀬戸内海全体の海水の流動の概略を調べた結果を簡単に紹介します。まず、潮流の半日周期、1日周期の変動成分のうちで最も大きな成分であるM2分潮については、紀伊水道と豊後水道の2つの入口から入り込んだ上げ潮時の潮汐波は、ほぼ中央の笠岡の沖あたりでぶつかっています。

もう1つの海水の流動の特性を表す重要な量として、潮流をその主要成分であるM2分潮の2周期間24時間50分にわたっての平均値を取って求める、非周期的で恒常的な流れ「恒流」が定義されます。この恒流は、ある物質を海水中に投入した場合に周期的に行ったり返したりする運動ではなくて、平均的にだんだん一定方向に流れ去って行く流れを表すもので、例えば、河川から流れ込んだ河川水の塊は潮流に乗って東西に行ったり来たりしながらも、長い時間が経つにつれて恒流に乗って一方向に向かって流れ出してゆきます。

瀬戸内海中央部における表層の恒流のパターンは、備讃瀬戸の瀬戸大橋付近

を境にして、そこより東側では恒流は東に流れ、西側では西に流れる傾向が認められます。ただし、恒流の成因としては、島や岬のような地形による渦の発生、風の水面摩擦による吹送効果や淡水と塩水の混合状態による密度差に基づく密度流効果などが重なって現れるので、季節や海域によってかなり流れが変わることがあり、厳密に恒常的に一定不変の流れとみなすことはできません。

この恒流の存在は、1974（昭和49）年12月に起こった水島からの重油流出事故の際に、3～4日かかって重油が小豆島の南側を通って淡路島南端の鳴門海峡に達したことや、岡山県の大河川から注ぎ込んだ河川水が東に広がり、平均的に見ると播磨灘に瀬戸内海で一番塩分の低い水域が出現していることなどからも、その影響が認められます。

特に岡山県南岸の備讃瀬戸付近の海域や海岸を対象にした海のはたらきと、その水産環境との関連については、2-5を参照してください。

参考文献
1) 岡山ユネスコ協会編『新版　市民のための地球環境科学入門』大学教育出版、1999。
2) 原島鮮・功力正行共著『海の働きと海洋汚染』裳華房、1997。
3) 岡市友利・小森星児・中西弘共編『瀬戸内海の生物資源と環境』恒星社厚生閣、1996。
4) 小坂淳夫編『瀬戸内海の環境』恒星社厚生閣、1985。

1-5　土のはたらき

(1) 土の誕生

地球は、われわれの住む太陽系の中でただ1つ、潤いのある土が存在する惑星です[1]。潤いのある土は、人間の食料となる農作物の生産はもとより、地球生態系の根幹的な役割を果たす陸上植物を育むとともに、地球を安定した環境に維持し、地球上のあらゆる生物の生活環境の保全に重要な役割を果たしています。

潤いのある土は、地球の誕生と同時に存在していたわけではありません。46

億年前に地球がこの世に誕生して以来、火山活動や地盤の隆起、岩石の風化、侵食、堆積の繰り返しによって岩石の砕屑物が生成されてきましたが、潤いのある土の誕生には、生物の存在が必要不可欠であり、次の過程を経て[2) 3)]、4億年ほど前にその姿を現しました。

　地球の特殊性としての水圏（海）の存在→海の中で生命が誕生・進化→光合成生物の誕生→大気への酸素の供給→オゾン層の形成→生物の陸上進出（植物→小型動物→大型動物）→土の誕生

　そして、それ以降、地球の表面は、徐々に潤いのある土で覆われるようになり、人間の生存基盤の芽生えができました。

(2) 潤いのある土の構成要素

　地球上の多くの生物が好んで住む場所は、気圏・水圏・地圏の触れ合う場所であり、土の部分が多くの生物に快適な環境を提供する条件にピッタリなのです[4)]。図1-16に土はどんなものから構成されているかを示していますが、各構成要素が各々の役割を果たすことで、土が「潤いのある土」になります。

　土は、その大部分を構成する無機固体の堆積でできていますが、その隙間には水もあれば空気もあります。また、土壌動物や土壌微生物の「住みか」ともなっています。ただ、その厚みはせいぜい1～2m程度で、地球の厚みと比べると極めて薄い存在ですが、固相・液相・気相、有機物（生物・無生物）を含んだ複雑な世界であり、地球の維持に重要な役割を果たしています。

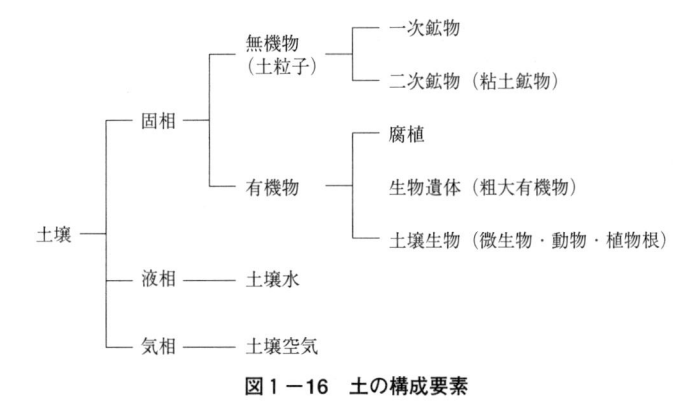

図1-16　土の構成要素

1）土の固相

　土の固相の大部分は、土粒子と呼ばれる大小さまざまの無機質の鉱物粒子からなっています。潤いのある土という場合、粘土鉱物が重要な役割を担っています[5]。その大きな特徴は、表面が電気を帯びていることです。一般には、マイナスの電荷を有しているために、プラスの電気を持つイオンが土に吸着されますが、土に他の陽イオンが加わると、保持されていた陽イオンは容易に交換されて土壌溶液中に出てきます。この現象は陽イオン交換反応と呼ばれますが[6]、後述の土のはたらきを支える機能です。

　固相を構成する有機物は、粗大有機物、腐植、土壌生物に大別されますが、このうち腐植が土壌中で重要なはたらきを担っています[5]。腐植は、主に植物残渣・遺体が土中の微生物や小動物の作用を受けて、分解・合成されてできた比較的分子量の高い酸性高分子化合物です。腐植は、①その構成成分中に、窒素、リン、硫黄、カルシウムなどの元素が含まれていますが、腐植が分解されるに伴いこれらの元素は生物に利用可能な状態になり、土に生育する植物の養分となること、②腐植はそのカルボキシル基や水酸基の電離によって生じる負電荷を有しているので、プラスのイオンを吸着すること、③腐植は土粒子をつなぎ合わせ、団粒構造（後述）を形作る重要な役割を果たすこと、④腐植は暗色であるため、太陽エネルギーを吸収し、土壌温度を高め、植物の生育や土壌生物の活動に好影響を与えること、等々の重要なはたらきを土壌中で担っています。

　土壌生物としては、植物根を始め、土壌微生物、土壌動物が土壌中に生息しています。これらは、生育に欠かすことができない水分や養分、酸素、温度などの物理環境を土から保証されていますが、一方では、これらの生物群の活動によって、土の物理性や化学性は変化し、新たな土壌環境が形成されます。

　土壌動物は、落葉・落枝などを食べ、消化管の中で細かく砕き、不消化物を糞として排泄します。ミミズなどの大型の土壌動物の糞や食べ残しをダニなどの小型動物が食べるというように、連続した土壌動物による落葉粉砕は、微生物の有機物分解作業を容易にし、土壌生態系の物質循環に大きな役割を果たします。

　土壌動物のはたらきは、①大型動物の作る土中のトンネルが土の大間隙となること、②土壌動物が落葉を土中へ運び入れたり、糞を土中に出すことにより、土

壌微生物の胞子や菌糸を新しい場所へ運び、微生物の新しい生活の場を作ること、③土壌動物の身体は、窒素の集積体で、その死体・排泄物などは高い窒素含有量を持つことから、これらが土中に蓄積され、動植物や微生物の窒素源として役立つこと、等々であり、これらのはたらきは土に重要な影響を与えます。

土の構成要素のうちさらに重要なものは、土中に生育する多種多様な微生物です。微生物はそれぞれの生活過程を通じてさまざまな物質循環を行っています。動植物遺体やその排泄物などの複雑な有機化合物が土中に入ったとき、これらを分解し、より簡単な化合物や元素にして、物質循環の中に組み入れます。

農業生産にとって重要な物質循環は、炭素、窒素、リン、硫黄などの循環が挙げられます。これらの循環にはそれぞれ固有の微生物が関与しています。

炭素の循環を例に挙げてみます[7]。大気中の二酸化炭素（CO_2）濃度は350ppm程度に過ぎませんが、陸上に住むすべての生物の体を構成する炭素源をなしています。図1-17に大気と大地の間をめぐる炭素の循環経路を示しています。その過程は次のとおりです。①生産者である植物の光合成によるCO_2の取り込み。②動物が植物を食し植物体中のCO_2を同化（吸収・固定）。③動植物の呼吸によりCO_2の一部を空中に放出。④土中の生物遺体は従属栄養微生物に食べられ同化。⑤独立栄養微生物は大気中のCO_2を取り込み同化。⑥微生物の呼吸に

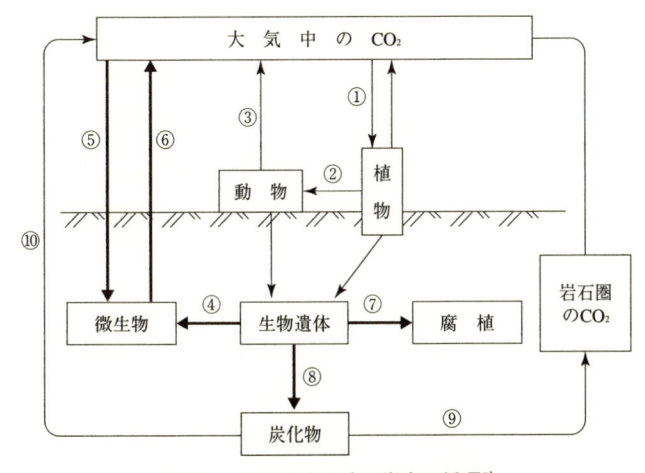

図1-17 大地をめぐる炭素の循環[7]

よりCO$_2$は大気中に放出。⑦生物遺体の一部は腐植化。⑧生物遺体の分解が進まない場合には炭化し地中に堆積。⑨炭化物は岩石圏の構成成分化。⑩人間が燃料として使用するとCO$_2$を大気中に放出。この例のように、物質循環のほとんどが微生物の活動によって行われており、植物への各種養分の円滑な供給が保証されるばかりではなく、土壌生態系全体が保全されます。

2）土の液相

　土の液相は土壌水と呼ばれ、粘土や腐植に物理的に強く吸着されている水（吸着水）、および土粒子間の間隙に毛管力によって吸着水より弱く保持された水（毛管水）に分けられます[8]。

　植物は、土の間隙に根を張り巡らすことにより、水分と養分を吸収していますが、植物が利用できる水は、比較的緩く土に保持されている毛管水です。また、水はいろいろな物質を溶解する能力が大きいので、土壌水には種々のイオンが溶存しています。そのため土壌水は土壌溶液とも呼ばれます。土壌水に溶存しているイオンは水の動きとともに移動します。

3）土の気相

　気相は土壌空気であり、水と同様、粒子間の間隙に存在しています（一部は土壌水に溶存）。その組成は、大気に比べて酸素が少なく、二酸化炭素が多くなっています。土中の植物根や生物の多くは気相の酸素を消費して二酸化炭素を放出していることと、間隙中の空気は、間隙径が小さいために簡単には大気とガス交換され難いことが原因です。したがって、下層ほどガス交換が困難であり、酸素量は表層から下層に向かって漸減し、二酸化炭素量は漸増します。しかし、植物種子の発芽や根の生育は適度な土壌空気量が必要であり、根圏に生息する生物にとっても空気（酸素）は重要ですから、酸素の存在を保証するためには、土の構造（土壌構造）が重要となります。

4）土壌構造

　土には、土粒子が単独で存在する場合（単粒構造、例えば砂丘の砂）と、いくつかの土粒子が集合して小さな塊を作り、それがさらに集合した構造を持っている場合とがあります（団粒構造）[9]。この団粒化を促進する要因は、脱水に伴う凝集力や膠着物質（腐植、鉄、アルミニウム、粘土粒子）の作用、粒子界

面の電荷に起因するものがあります。

　団粒構造が発達している土は、団粒間に大間隙、団粒内部に小間隙が存在します。すなわち、団粒構造を有する土にはさまざまな大きさの間隙があり、これらが水や空気の通路となります。団粒間の大間隙は水はけがよいので、普通は酸化的条件にあります。団粒内部の小間隙は連続していないことが多く、極端な乾燥を受けない限り水分を保持し、還元的な条件で安定しています。そのため、団粒の発達した土は、土壌動物・微生物にとって多様で安定した環境を提供していることを意味します。

(3) 土のはたらき

　土の構成要素と各要素が持つ機能を述べてきましたが、これらが構成する地殻の最表層1～2mの厚みしかない土壌生態系が果たしており、人間の生存に欠くことができない代表的な機能は以下のとおりです[10]。

1) 土の植物生産機能

　独立栄養生物である植物は、太陽の光エネルギー、二酸化炭素、水を使って光合成を行い炭水化物を作ります。この際、太陽の光エネルギーと二酸化炭素は植物の地上部が取り入れますが、水は植物の根が土から吸い上げています。植物の生育に必要な元素は、窒素N、リンP、カリウムK、炭素C、酸素Oなどの16元素です。植物根はこれらの無機元素を土から吸収しますが、イオンの形で水に溶けていなければ植物は利用できません。また、植物が必要とするこれらのイオンのほとんどは陽イオンです。粘土粒子や腐植は負の荷電を有しますので、これらの元素はイオンとして土のイオン交換基に保持されます。すなわち、土は、植物体を支える物質として機能するとともに、植物生育に必要な水分、養分、さらに熱の貯蔵庫としての役割を担っています。この役割を「土（土地）の生産機能」と呼び、有機物を自ら生産できない人間にとって、この生産機能は重要な土の直接的機能です。

2) 土の浄化機能

　土の浄化機能は土壌中の微生物がその大半を担い、有機物の分解機能、ろ過機能、イオン交換機能に大別されます。

土中の微生物は、動植物の遺体を分解し、構成元素の大半を徐々に無機化して大気中に還元しますが、これが有機物の分解機能で、もし土の分解機能がなければ地上はゴミの山となるでしょう。

　人間の使用した水の一部は、地中にしみ込んで地下水となりますが、その過程で水は、一時土中に保持され、物理的・化学的に浄化されてきれいな水となります。これがろ過機能であり、土は物理的には物質のフィルターとして作用し、化学的には物質の吸着・放出を繰り返しながら、土中の微生物の力を借りて分解を促進します。さらに、土に備わっているイオン交換能で、有害な金属イオンを置換することができ、有害物質を固定することができます。

3）土の緩衝能

　土に酸あるいはアルカリが作用したとき、これによって引き起こされる土壌水のpH変化は、水の場合に比べてはるかに小さく、この現象を土のpH緩衝といいますが、これは主に腐植と粘土鉱物の有する陽イオン交換能によるものです。

　土が酸性であるかアルカリ性であるかは、植物や土壌動物・微生物などの生活に大きく影響します。動植物や微生物は環境の急激な変化を嫌うので、土がpH緩衝能を有することは、生物に安定した生活環境を提供するという意味で重要となります。

4）地球の再生機能

　熱の貯蔵庫としての機能、熱の調節機能も環境保全上大きな役割を果たします。もし土に熱を蓄える機能がなかったら、昼間と夜間の温度差は著しく大きなものとなり、生活環境は著しく悪化するでしょう。また、もし土中に水分がなければ、蒸発散による太陽から受けるエネルギーの消費がないために気温は著しく上昇し、砂漠に近い状態が起きるでしょう。

　土は貯水池の役割も果たします。水は、天から地へ、地から天へと循環しますが（水文循環）、その過程で、雨水を一時的に貯留して、植物に必要な水分を供給するとともに、洪水の緩和や、地下水の涵養に役立っています。地下水の涵養がなければ、飲料水にも事欠くようになるでしょう。これらの機能をまとめて、土が有する「地球の再生機能」といいます。

(4) まとめ

　46億年前に地球が誕生し、気の遠くなるような年月を経て、人類の生存を支える基盤となる「土」が誕生しました。土が誕生する過程で、岩石を造っていた鉱物に加えて新しい鉱物（粘土鉱物）が生成され、さらに、生物の作用により腐植が加わり、これらが構成する隙間に水と空気を蓄え、土中の動植物や無数の微生物の生命と活動を支える仕組み（土壌生態系）が作られています。また一方、土に根ざす植物が人間を含めた動物の食料となる有機物を無機物から作り出し、さらに、動植物の死後、その体を構成していたさまざまな有機物は土に住む微生物によって分解されて再び無機物に還元されます。この無機物→有機物→無機物の循環を巧みに利用して農林業を営み、人間はその歴史を造ってきました。

　しかし、「人口の爆発的増加」→「人間の限りなく肥大する欲望」→「地球の過剰使用」→「地球環境の悪化」という図式が描かれるように、地球がかつて経験したことのない短期間でかつ急激な人間活動の高まりが、自然環境にさまざまなインパクトを与えています。急激な変化を安定化する機能を自ら有する土壌環境にも、その機能に衰退のかげりが見え始めてきました[11]。

　土は、人間の適切な働きかけによって、有用な「資源」となる可能性を有しています。資源としての可能性を維持するためには、土自身の性質のほかに、土壌生態系構成要素である植物、動物、微生物の共生関係を良好に維持することが何よりも必要な条件となります[12]。

参考文献
1) 八幡敏雄著『人間の命をささえる土（地球の環境問題シリーズ3）』ポプラ社、1995。
2) 浜野洋三著『地球のしくみ（入門ビジュアルサイエンス）』日本実業出版社、1997。
3) 毛管浄化研究会編『土壌圏の科学（毛管浄化法の基礎）』土壌浄化センター、1983。
4) 毛管浄化研究会編『土壌圏の科学（毛管浄化法の基礎）』土壌浄化センター、1983。
5) 前田正男・松尾嘉郎共著『図解 土壌の基礎知識』農村漁村文化協会、1977。
6) 山根一郎著『土と微生物と肥料のはたらき（農学基礎セミナー）』農村漁村文化協会、1991。
7) 毛管浄化研究会編『土壌圏の科学（毛管浄化法の基礎）』土壌浄化センター、1983。

8）山崎不二夫監修『土壌物理』養賢堂、1969。
9）毛管浄化研究会編『土壌圏の科学（毛管浄化法の基礎）』土壌浄化センター、1983。
10）久馬一剛編『最新土壌学』朝倉書店、1998。
11）松井健・岡崎正規編『環境土壌学（人間の環境としての土壌学）』朝倉書店、1993。
12）久馬一剛・祖田修編著『農業と環境』富民協会、1995。

第2章

岡山の自然と環境問題

2−1 大気

(1)「晴れの国」岡山

　岡山が「晴れの国」であることは、1989（平成元年）年に岡山県公聴広報課が、県外向けの広報に使い始めたそうです[1]。それでもそれが単なる広報用のキャッチフレーズではないことは、岡山県は歴史的に見て天日製塩と呼ばれる

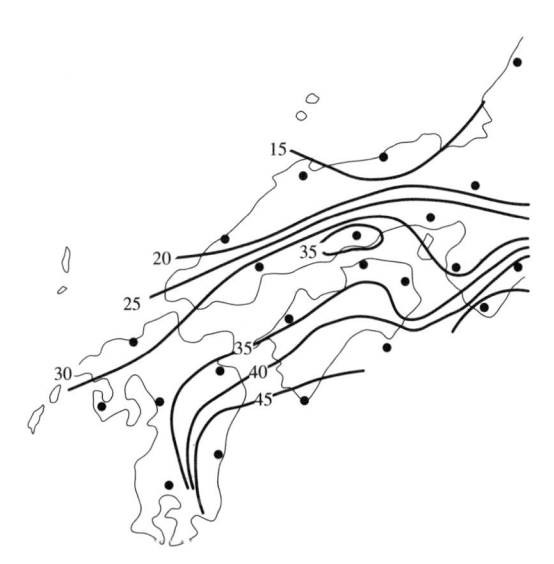

図2−1　よく晴れた日（日平均雲量1.5未満）の日数の平年値（1971（昭和46）〜2000（平成12）年）の等値線
出所：国立天文台編『理科年表平成14年版』より。

太陽熱による塩の一大生産基地であったこと、また、天気が良いことが必須条件である天文台の誘致に成功した[2]という話で証明されるように、科学的データでも裏づけられています。例えば、図2-1に西日本での日雲量が1.5以下の月別日数の年合計日数の等値線を示しますが、これは岡山が周囲のどこよりもその日数が多いこと、つまり晴天日数が多いことを示しています。

(2) 海陸風

瀬戸内海一帯は、古来、海風や夕凪が有名で多くの詩や文芸作品が残されています。そのようなことは参考文献[3]を見ていただくことにして、ここでは科学の目を通して眺めることにします。

海陸風という言葉は1-1 (5)で触れたように、大気が接している地面と海面の温度に差が生ずるために吹く風です。その温度差は、1-4 (1)で説明している海面と陸面との熱的性質の差異や陸地と水塊内での熱の伝わり方の差異によるものです。すなわち陸の方は固定した海岸沿いの土地や建物の表面だけで太陽からのエネルギーを受け取るのに対し、海の方は表面だけでなく海流や潮流で海水の上下混合が起こり、相当深いところまで太陽のエネルギーが分配され、陸面と同じだけの熱が太陽から与えられても、海面の温度上昇はわずかであるという理由から生じます。瀬戸内海では、1日の間の早朝と昼過ぎの海面温度の差は大きくても3℃、それに対して陸地面の温度の昼夜の差は20℃から30℃くらいは普通です。したがって、天気の良い昼間は陸地面の温度は海面温度よりもずっと高く、夜は逆に低くなります。風は低温の側から高温の側に向かって吹くと1-1 (5)で説明しました。つまり、昼間は海から陸に、夜は陸から海に向かう風が吹くはずです。こういう風のことを海陸風と呼んでいます。

岡山県の瀬戸内沿岸で、海陸風が吹く頻度を調べてみると、まず、上述のように太陽からの熱が陸地面を暖めないとこの現象は起きません。さらに、海陸風のような小規模な風は、高低気圧に伴うような大規模な風が強いときにはかき消されてしまいます。実際に調べてみると[4]、夏で月のうち10日間くらい、冬はその半分くらいしか吹いていません。なぜ冬は少ないのでしょうか？　日本では、季節風が夏より冬の方が強いからです。

岡山県の海風というのは、対象となる海はもちろん瀬戸内海です。瀬戸内海は北側に中国地方、南側には四国があります。上述の海陸風の発生理由からすれば、四国に吹くときには中国地方にも吹いているはずで、その逆もまた成り立つはずです。確かめた人がいます。その結果[5]によると、どちらかというと山陽側の方が遅れて発生し、ほぼ同時に終息するということです。また、海岸で吹き始めるはずの海風は、一体どこまで内陸部まで及ぶのかについては、鳥取県との県境付近にまで達するという報告[6]があります。

　岡山県での海陸風として特徴的なことは、岡山県内では瀬戸内海の海岸線が東西に直線的でなく、倉敷市下津井から玉野市日比にかけての辺りが南方に突出した形になっており、海風の場合を考えると東西方向の直線海岸線であれば吹くであろう南よりの風ではなく、南西からと南東から吹く2方向の海風があるはずです。また、もしそうならその2種類の海風がどこかでぶつかって、何かが起こりそうな気がします。このあたりには岡山県や地元自治体が運営している公害監視のための気象観測点が稠密に分布しており、その資料を使ってそのことを検証することができます。そういうことをやった一例[7]を図2－2に

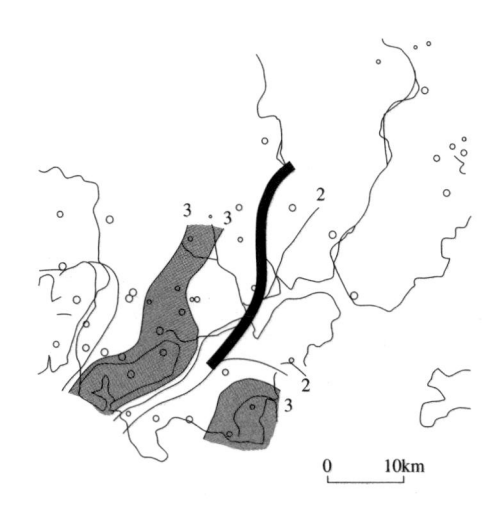

図2－2　海風の収斂線とSO₂の等濃度線（1981（昭和56）年6月3日18時）
注：太線は東よりの海風と西よりの海風との収斂線、数字はSO₂濃度で10ppb単位。小さい○印は測定点。

示します。図中の小白丸が観測点、太い実線が2つの気流の会合する線（収斂線と呼んでいます）の位置です。太い実線が水島からの高濃度の亜硫酸ガスSO_2を含む空気の東進を妨げているのが分かります。このように、海陸風のような局地的な現象が、大気汚染といった環境問題に大きく関わることがあることに留意しましょう。

(3) 瀬戸内海上空の風

　前節の海陸風は、瀬戸内海沿岸でしかも人の住んでいるところで起こっている現象ですから、万葉の昔から日本人の間でよく知られた局地風だったのです。ところが、同じ瀬戸内沿岸で起こる現象でも、その高さが地上500mから1kmという誰も気がつかないところで相当な強風が吹くことがあることが最近分かってきました[8]。1例を図2－3に示します。これは、1980（昭和55）年7月22日19時の例ですが、地上1km高度の水平面内での風速分布です。図中の数字が風速で単位はm/sです。瀬戸内海北岸沿いに細長くハッチされた部分は10m/s以上の領域です。倉敷あたりでは12m/sを超えています。このとき、倉敷の地上での風速は4m/s以下でした。このときは上空の強風は西風でしたが、東風のときもあります。

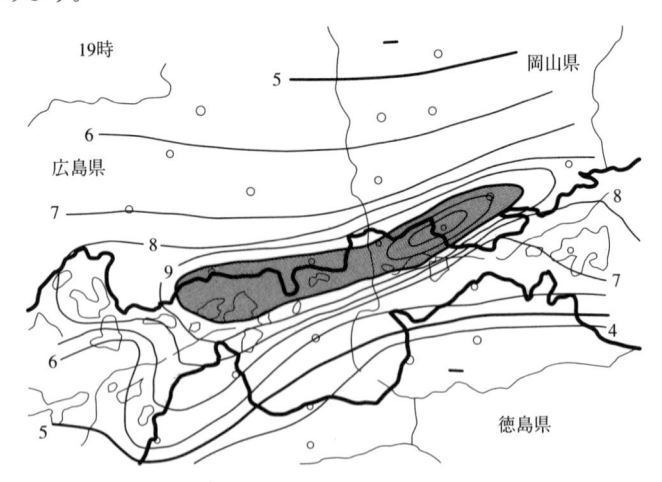

図2－3　瀬戸内上空で吹く強風の例（1980（昭和55）年7月22日19時）
注：数字は風速m/s単位、○は測定点です。

このような強風域の存在は、数10年前から断片的には知られていました[9]が、このように地域的な広がり、時間的な経過まで系統的な解析ができたのは気象庁気象研究所が1980（昭和55）年から3年間の夏、この地域で特別観測を実施し、このような解析ができるような資料[10]を得たからです。自然科学は2002（平成12）年度ノーベル物理学賞の小柴先生のスーパーカミオカンデの例でもよく示されているように、「自然をよく見つめる」、つまりしっかりした観測を行うということから発展への糸口が見つかるのです。

(4) 山谷風

山谷風も前節の海陸風と同じような小規模の現象です。海陸風の場合、海から陸に向かう風のことを海風と呼びました。これは、北から吹く風のことを北風という原則に従っています。山谷風の場合も同じように、山風は山から谷へ向かう風（下り風）、谷風はその逆の谷から山への風（上り風）です。

このような風の吹くメカニズムを考えてみましょう。夜間の山の斜面は地球放射によって冷却され、斜面上の空気は同じ水平面内にある谷底上の空気よりも重くなり、斜面に沿って流れ下って山風となります。昼間は斜面が太陽放射によって暖められるので逆に上向きの風、つまり谷風となるのです。

海陸風のときもそうなのですが、山谷風の場合も昼間の谷風の方が明瞭に起こります。地球放射による冷却よりも、太陽放射による加熱の方が強いからです。ここで、山谷風の実例をお目にかけましょう。場所は棚田で有名な、岡山県久米郡中央町内の滝谷川沿いと日向川沿いの、それぞれ小渓谷での山谷風です。図2−4に地図を描きます。(b) 図中の●印が風向・風速の観測点で、Eは滝谷川沿い、Wは日向川沿い、Cはそれらの川の最上流部の峠です。谷風は、E点では東南東、W点では北西の風になるはずです。1日の間の風向と風速の変化を図2−5に示します。この図は横軸が時間、斜め線は新聞天気図の風向・風速の示し方を真似ているのですが、角度で風向を、長さで風速を10分ごとに示しています。図の横に書いた凡例も参考にしてください。1998（平成10）年10月31日と翌日の2日分ですが、昼間はE点でもW点でも予想通りの谷風の向きになっています。また、夜間は風が弱いのではっきりとは分かりませんが、それでも昼間とは反対

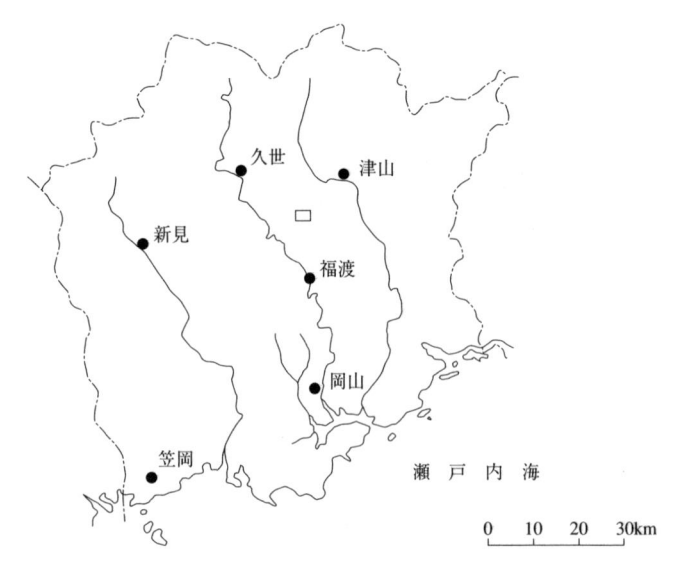

図2−4（a）　岡山県の地図
注：中央付近の□が（b）の位置。

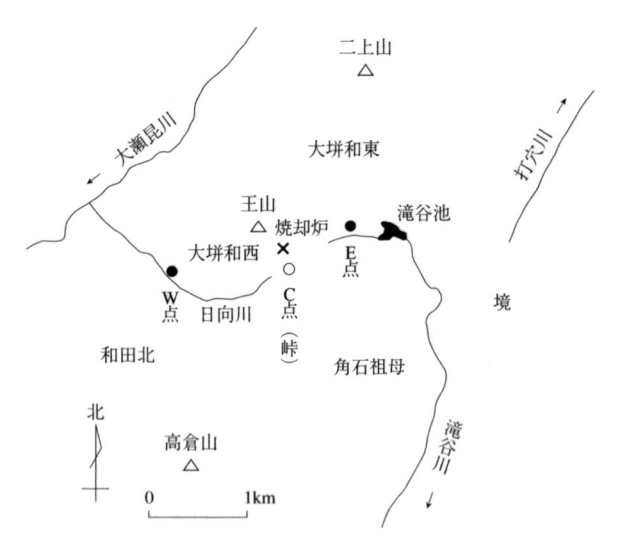

図2−4（b）　岡山県久米郡中央町の一部
注：●は風向、風速の観測点。×は焼却炉設置予定地。

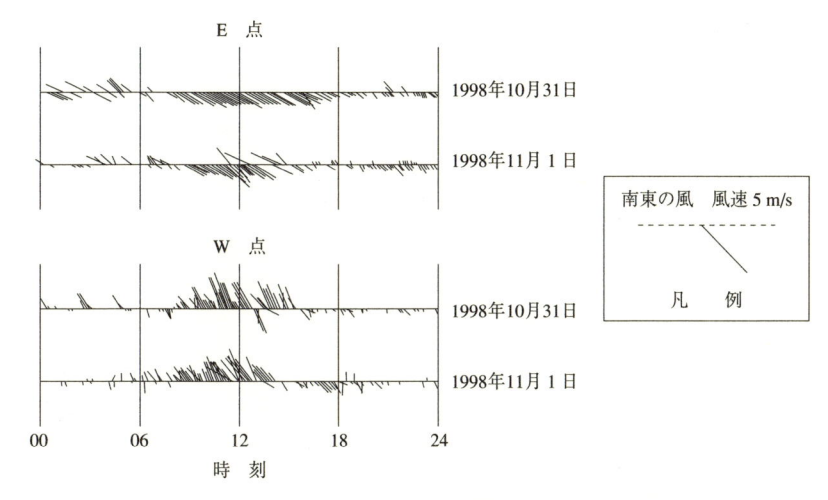

図2−5　図2−4（b）のE点、W点での風向の時間変化（1998（平成10）年10月31日〜11月1日）
注：見方は本文参照。

の向きにも吹いているのが分かります。この図からはまた、峠を挟んだ両側の谷筋では必ずしも同じように谷風が吹いているのではないことが分かります。

　もう1つ図2−6を見てください。これはW点で無線発信器付き温度計を気球に付けて飛ばし、データを地上で受信して得られた早朝の気温の鉛直分布です。第1章の図1−3の点線と比べてください。図2−6の500m以下の状態とそれとは大変似ています。図1−3はモデルですが、図2−6は実測結果です。1−1−（7）でお話しした逆転層が、地上250m以下、600m程度、それに1,600〜1,750m程度の3高度に出現しています。これらのうち250mを頂上とする逆転層は、1−1−（7）で記述した接地逆転層を形成しています。もし、この付近に高さ100mの煙突があったら、日の出から最高気温が出るまでの間に図1−3の破線のような状態が必ず出現し、図1−3のH1の高度以下でその煙がいつまでも滞留するという、そこに住む人々にとって悪影響が起こります。実は図2−5と図2−6は、図2−4（b）の×印付近に産業廃棄物の中間処理場としての焼却炉が設置されそうになったとき、住民の皆さんが美しい棚田を守ろうと立ち上がり、焼却炉から出る煙の動きの予測調査として自分たちで観測などを

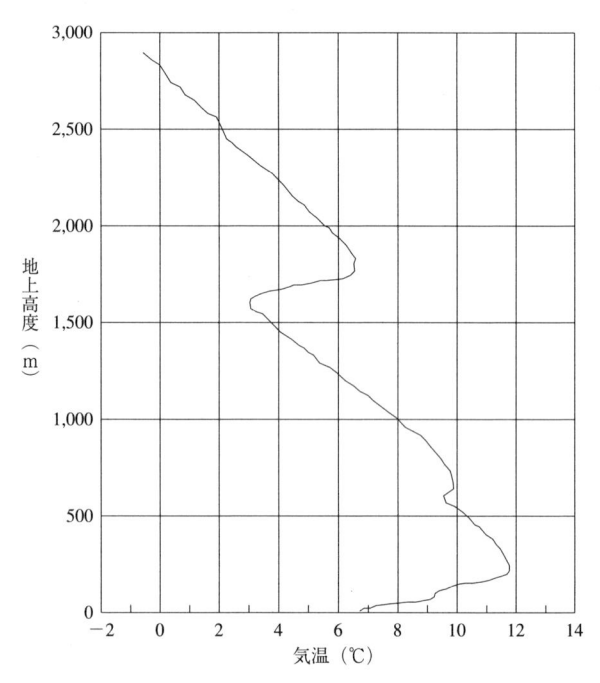

図2－6　図2－4（b）のW点での早朝の気温鉛直分布（1998（平成10）年11月8日）行った結果の一部[11]なのです。

(5) 岡山での地球温暖化

　地球温暖化については、1－1（3）で地球全体の平均気温が最近の140年間でどのように変わってきたかを図1－1に示しました。岡山の様子を図2－7に示します。図1－1は1860（万延元）年からありますが、岡山では1891（明治24）年からしかありません。また、図2－7と図1－1とは、横軸は同じ幅で書いてありますが縦軸は同じでありません。共通点は1970（昭和45）年頃からの急上昇です。目立って違うのは地球全体では1910（明治43）年頃から1945（昭和20）年頃にかけて上昇期がありますが、岡山ではその上昇は見られません。詳しく見ればまだまだいろいろ違いがあります。

　いま述べた、地球全体の図に現れている1910（明治43）年以後現在までの約100年間の上昇が、地球温暖化として取り上げられている現象です。したがっ

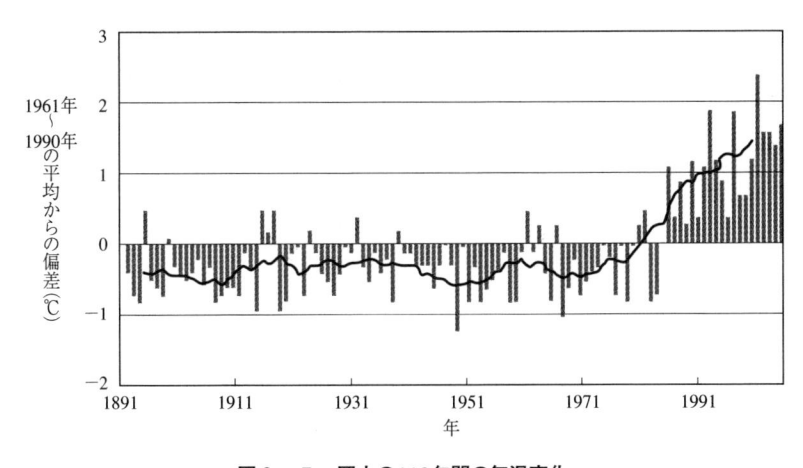

第 2 章　岡山の自然と環境問題　55

図 2 − 7　岡山の112年間の気温変化
注：棒グラフ、曲線の意味は図 1 − 1 に同じです。

て、地球全体としては暖まってきていますが、岡山ではまだそんなにその影響が表れていなかった、という期間があるわけです。気象庁が発行した本[12]に、過去約110年間の日本全体の平均的気温変化が描いてあります。それによると、図 1 − 1 に示されたような1910（明治43）年頃からの昇温と1944（昭和19）年頃の高温のピークは見当たらず、むしろそこに示された図の大勢は岡山の変化（図 2 − 7）と似ている部分が多くあります。また、倉敷では1897（明治30）年から1963（昭和38）年の頃は気温は低下気味であったことを示している文献もあります[13]。つまり、地球全体を覆う大きな地球温暖化という現象でも、地球全体、日本全体、岡山だけでそれぞれ局地的特徴が存在するということです。

(6) 岡山市のヒートアイランド

　もう一度、図 1 − 1 と図 2 − 7 とを比べてください。特に、地球全体ででも岡山でも共通して上昇していた1970（昭和45）年以後に注意してください。地球全体では、その期間中の上昇は0.6℃、また、前出[12]の文献の日本全体の平均値でも100年間に1.3℃程度の上昇、それに対して岡山ではなんと 2 ℃くらい上昇しています。いくら局地性があるからといっても、岡山では突出して昇温量が大きいのです。岡山の気温というのは当然のことながら岡山にある気象台で測

っています。ところが、その気象台が移転したという事実があるのです。岡山の気象台（名前も3回くらいは変わっています）は、設立以来4回も場所を変えているのです[14] [15]。ヒートアイランドというのをご存じでしょうか。詳しい説明は参考文献[16]を見ていただくとして、簡単にいうと都会では地表面が舗装やコンクリートの建物で覆われて冷えにくくなり、また人間活動が集中するために大気中への放熱量がふえて都会では郊外でよりも高温になるという現象なのです。特に、風が弱くなる夜間に顕著です。岡山地方気象台はそのヒートアイランドの外側に当たる市の中心部から北北西へ約3kmの場所（津島桑の木町）から、市の中心部の一部である内側（桑田町）に移転したのです。したがって、図2－7の1980（昭和55）年以後の急上昇はこの移転によるものが含まれており、これを全地球的な地球温暖化の影響と、移転による影響とに分離することは大変難しい問題です。気象台のように記録を積み重ね、過去から現在への気候変化の資料を供給することもその重要な役割であるはずのお役所が、合理化と称して気軽に移転してしまうのは困ったことです。

(7) 岡山での気象災害

　気象災害というと、一般には強風、強雨、大雪、洪水など比較的短期間の急性的な現象を指します。もし、災害という言葉が人間に対して何らかの被害を及ぼすものという意味に捉えるならば、例えば前々節の地球温暖化なども災害の中に入るかもしれません。気象庁が統計用として使用している分類[17]では、大気汚染害や暖冬害というのはありますが、直接的に地球温暖化害というのはありません。いずれにしても、気象災害に急性的なものと慢性的なものとがある、ということです。

　幸いなことに、岡山県、特にその南部は普通にいうところの気象災害つまり急性的な災害は全国的に少ないところです。これについてはちょっと古いですが参考書[18]を参照してください。昨今日本でいわゆる大気汚染について一般に知られていることは、硫黄酸化物と一酸化炭素については処理技術の向上によってその大気中での濃度がほとんど規制値を下回っていますが、二酸化窒素については今も規制値を上回るところがかなりあるということです。また、光化

学オキシダントについては規制値を超えることが多いということですが、これについては岡山県の場合もそのとおりのようで、すべての測定局で環境基準に不適合だということです[19]。いま、測定局といいましたが、これは2-1（2）の海陸風のところで「県や自治体が運営している公害監視のための気象観測点」ということを書いていますが、それと同じものです。ただ、この光化学オキシダントの資料は、岡山県のホームページ[19]によりましたが2003（平成15）年1月現在で1996（平成8）年分までしか記載されていませんでした。したがってそれ以後改善されていることを期待したいものです。

　もう1つ、知らないところで何かが起こっている、しかも慢性的に、という例を挙げましょう。南極大陸の上空あたりで、地球上の生命を有害紫外線から守ってくれているオゾン層が破壊されてしまっているというオゾンホールのことです。オゾン層に対する影響を知らずに、冷媒や缶入りスプレーの噴霧剤として使われていたフロンという物質を大気中へ廃棄したことによって、オゾン層に穴が開いたようになってしまうという話です。あれは南極上空だけでの話だと思われているかもしれませんがそうではなく、日本上空でも北よりの札幌では、観測開始の1959（昭和34）年以来およそ35年間の間に約1割もオゾン全量が減っているのです。沖縄ではあまり変化は見られませんが、鹿児島やつくばでも、ゆっくりとではありますが着実に減ってきています[20]。さらにはいままでオゾンホールといえば南極での出来事であったのに、1990年代に入って北極上空でも急激にオゾン濃度が減少し、1970年代の2割減くらいのオゾン量になっているのです[21]。まだオゾンホールと呼ぶほどには減っていませんが、このまま推移すればあと20年も経てばそうなっているかもしれません。このような慢性的な悪影響については、あらかじめ十分な警戒が必要です。このような視点については、本書3-7（2）の「予防の原則」を読んでください。

　さらにもう1つ。私たちが住む岡山県下にも、土壌中からプルトニウムが微量ながら検出されています[22]。これらはそれ以前から続けられてきた遠い場所での水爆実験によるものとされていますが、知らない間にそういうものが身近に蓄積されてしまっている環境は不愉快かつ不安です。「持続可能な未来」をめざして全人類の英知を集め、そのような環境破壊の進行を防がねばなりません。

参考文献

1 ）『事典四季おかやま　自然と暮らし』山陽新聞社出版局、p.151、1992。
2 ）石田五郎・佐橋謙『岡山の天文気象　第2版』日本文教出版社、pp.60-62、1980。
3 ）同上　p.155。
4 ）佐橋謙『岡山周辺の海陸風について』天気、25、pp.357-363、1978。
5 ）佐橋謙『瀬戸内海東部の局地循環』日本気象学会、気象研究ノート、163、pp.89-105、1988。
6 ）椎木基『岡山平野の海風について』気象学会関西支部例会講演要旨集、13、pp.20-21、1979。
7 ）佐橋謙『海陸風について』近畿地方大気汚染連絡会会誌、26、pp.7-11、1993。
8 ）佐橋謙『瀬戸内海上空の強風域について』天気、32、pp.321-328、1985。
9 ）宮田賢二『広島県の海陸風』広島女子大学地域研究叢書Ⅲ、1982。
10）気象研究所応用気象研究部『局地風と大気汚染物質の輸送に関する研究』気象研究所技術報告、11号、1984。
11）佐橋謙『岡山県久米郡中央町大垪和地区における気象観測の結果』未発表、1999。
12）気象庁『異常気象レポート'99（各論）』pp.17-20、1999。
13）倉敷市史研究会『新修倉敷市史第8巻』pp.136-138、1996。
14）佐橋謙『岡山のお天気』山陽新聞社出版局、p.26、1991。
15）追録10号『地上気象観測統計指針』要素別統計期間切断状況、気象庁、1990。
16）斉藤武雄『ヒートアイランド』講談社ブルーバックス、1997。
17）朝倉正他編『新版　気象ハンドブック』朝倉書店、1995。
18）佐橋謙『岡山のお天気』山陽新聞社出版局、pp.118-135、1991。
19）岡山県ホームページ。
20）気象庁『異常気象レポート'99（各論）』p.93、1999。
21）同上　p.100。
22）岡山県環境保健センター『平成10年度人形峠周辺の環境放射線等測定報告書』pp.65-78、1999。

2－2　森林

(1) 植生分布に影響する環境条件の特色

　岡山県は、地形的に、北部、中部、南部に3分類することができます。北部は標高900～1,300mの中国山地に属し、中部は300～700mの吉備高原面、その南面

は300m以下の低山・丘陵と3本の一級河川、高梁川・旭川・吉井川によって運ばれた土砂が堆積して形成された沖積平野とがモザイク状に広がる瀬戸内面です。

　植物の分布（植生）に最も強く影響するのは、温度環境と水分環境です。岡山県下の降水量は、中国山地では年間2,400mm以上、全国有数の寡雨地帯である瀬戸内海地帯でも1,100mm前後ありますから、どこでも森林が成立しますが、温度条件によって異なったタイプの森林植生が出現します。標高が100m高くなると気温は約0.6℃下がるとされているので、岡山県下では全体としては南から北へと標高と平行して気温が低下し、基本的には地形と平行して南北方向に植生が変化します。植物の生育にはさらに地質条件が影響することがあるので、県北西部の石灰岩地帯などには局地的に特有の植生が分布します。岡山県の森林タイプと温度環境（暖かさの指数）と関連づけて示したのが図2－8です。

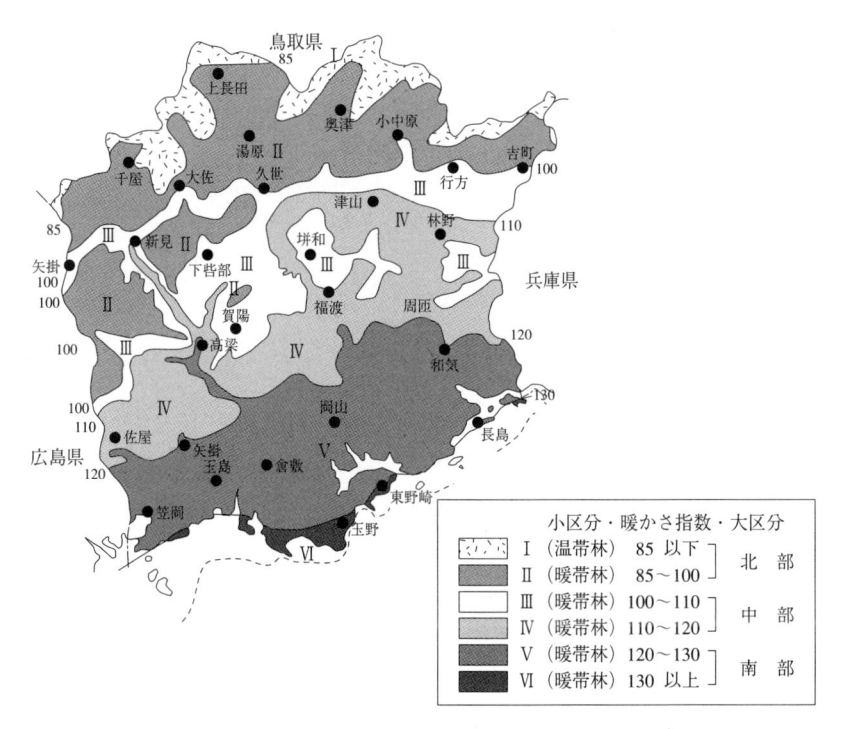

図2－8　岡山県下における暖かさの指数と森林帯分布[1]
注：「暖かさの指数」については図1－5を参照して下さい。

第1章「森林のはたらき」で述べたように、地域の植生を決定する重要な要因として、「人間の干渉」があります。農地開発や集落・都市の建設など、人間は自然を改変しながら歴史を重ねてきました。ある地域の植生が人為の影響を受けたため、その地域の自然環境によって決まる本来の植生（自然植生）とは異なった状態になっているものを代償植生といいます。代償植生が森林となっているものを二次林とも呼びます。

　岡山県を含め中国地方は日本で最も古くから人間が住み着き、文化を開いた地域であり、さらには古くから九州と畿内、あるいは日本海と瀬戸内海を結ぶ交通の要路に当たっていたため、長期間わが国において最も自然植生が破壊されてきた地域でもあるのです。そのほとんどが多様に変形された代償植生であるといっても過言ではないのです。

(2) 岡山県の植生の概要

1) 北部中国山地

　北部中国山地地域の地質は主として花崗岩からなり、多くの場合、花崗岩には砂鉄が含まれるので、朝鮮半島から伝来した砂鉄精錬による鉄生産（たたら製鉄）が中国山地に定着し、6世紀頃（古墳時代後期）から明治中期まで長期にわたって広い範囲で展開されてきました。日本で最もたたら製鉄が行われたのが中国山地なのです。

　たたらによる製鉄では、砂鉄と同量（重量）の木炭が使用されます。このため、膨大な樹木を伐採して木炭にする必要があります。このような大量の木材を使用しても、できる鉄は砂鉄の約28％で、その中でも日本刀などにする玉鋼（たまはがね）はその1/3に過ぎないとされます。日本刀だけでなく、農機具や工具、鍋釜、釘に至るまで、すべての鉄製品はたたら製鉄によってまかなわれました。たたら製鉄は、木材伐採だけでなく、砂鉄採取のため大規模に山腹を削るので、大規模な自然破壊を伴ったのです。

　こようなことから、本来の自然植生であるブナ林は、現在、中国山地の海抜750〜800m以上で点状に残存しているに過ぎず、ほかはすべて代償植生である二次林となっています。中国山地の二次林で最も広く分布するのはスギ、ヒノ

キの植林地で、あとはミズナラ、コナラ、数種のカエデ類からなるブナを欠いた落葉広葉樹林です。中国山地の比較的なだらか部分では古くから放牧が盛んに行われ、ササ原、ススキ草原、人工草地となっています。蒜山高原や北部の火山灰地は有名な放牧地帯です。

　岡山県下中国山地において、今日最も自然性の高い森林（落葉広葉樹林）が見られるのは以下の場所です（図2－9）。
①毛無山（真庭郡新庄村：大山隠岐国立公園）
②蒜山（真庭郡八束村・川上村：大山隠岐国立公園）
③若杉（英田郡西粟倉村：氷ノ山後山那岐国定公園）
④後山（英田郡東粟倉村：氷ノ山後山那岐国定公園）
⑤那岐山・滝山（勝田郡奈義町：氷ノ山後山那岐国定公園）
⑥赤和瀬（苫田郡上斎原村：岡山県湯原・奥津自然公園）

2）中部吉備高原地域

　吉備高原は主に古生層や花崗岩類よりなり、特に西部には石灰岩が広く分布し、石灰岩地特有の植物が出現しています。また、吉備高原は平坦地でるため、古くから人が住みついた地域であり、植生もその影響を受けています。

　この地域の自然植生は、北部中国山地の自然植生であるブナを主体とする落葉広葉樹林と、南部瀬戸内面の自然植生である常緑広葉樹林の移行帯に当たり、本来はモミ・ツガ林やシラカシ・アカガシなど常緑カシ林が主体となっていたと思われますが、現在では社寺林としてわずかにその面影を留めているに過ぎません。現在では、スギ・ヒノキの植林地となっているものもありますが、大部分はアカマツ二次林、アベマキ・コナラ林となっており、河川が少ないため水田は少なく、畑地・放牧地とがモザイク状に広がる景観となっています。

　中部吉備高原地域において、今日最も自然性の高い森林（落葉広葉樹林＝常緑広葉樹林移行帯）が見られるのは以下の場所です（図2－9）。
①臥牛山（高梁市：高梁川上流岡山県立自然公園）
②太平山（上房郡賀陽町・有漢町：岡山県自然環境保全地域）
③塩滝（落合町：岡山県自然環境保全地域）
④滝宮（英田郡英田町：吉井川中流県立自然公園）

5 本山寺（久米郡柵原町）
6 大聖寺（英田郡作東町）
7 御前神社（総社市）
8 波多（久米郡久米南町：郷土自然保護地域）
9 幻住寺（久米郡旭町：郷土自然保護地域）
10 荒戸山（阿哲郡哲多町）
11 宇甘渓（御津郡加茂川町：すぐれた自然環境を有する地域）
12 九谷（御津郡御津町：郷土記念物）

　この地帯の植生を特色づけるのはアカマツ林であり、かつては全国でも屈指のマツタケ産出量を誇った地域です。現在、日本全体のマツタケ生産量は最盛期の数10分の1にまで落ち込んでいますが、岡山県では特に落ち込みが大きいのです。次にその理由を考えてみましょう。

　松茸は菌類の一種マツタケ菌が形成する子実体（高等植物の花に当たるもの：胞子を生産する器官）です。食卓によく上る椎茸も同じくシイタケ菌の子実体ですが、両者は生活の仕方が全く違います。シイタケ菌は死んだコナラなどの樹木をエサにして育ちます（腐生性キノコという）が、マツタケ菌は生きたマツの細根と一体化した共生関係（菌根という）を形成して生育する共生キノコです。そのため、松茸の人工栽培は極めて難しく、いまだ成功していません。

　このことかとから分かるように、松茸生産不振の原因の1つは、後で解説するように、松食い虫被害（材線虫病）によるマツ樹木の消失ですが、ほかにも潜在的な要因があります。マツタケ菌は落ち葉など少ない貧栄養の土壌を好みます。昭和30年代以前には燃料や肥料として持ち出されていたマツ林の落葉落枝が、化石燃料や化学肥料の普及により利用されなくなり、林床に厚く堆積し土壌が富栄養化したこと、さらには燃料であった灌木・下草も放置され、林内が暗く、加湿化されたことにより腐生性の雑茸類が繁茂し、マツタケ菌を圧迫したことが重なったためと考えられます。人間の干渉は植生だけでなく、キノコ類の盛衰にまで影響することが分かります。

3）南部瀬戸内面地域

　瀬戸内面は全国有数の規模と数の古墳が存在することからも分かるように、

県下でも最も古くから人間が住み着き、文化を開いた地域であり、その植生には長年にわたり強度の人間干渉が加えられてきました。この地域の自然植生である、シイ、クスノキ、ヤブツバキなどを主体とする常緑広葉樹林（照葉樹林ともいう）は、現在ではほとんど存在していません。倉敷市児島の由加神社社叢などがその面影をわずかに留めているに過ぎません。この地域では、早期からそのほとんどが、アカマツ二次林になっていたと考えられます。

南部瀬戸内面地域において、今日最も自然性の高い森林（常緑広葉樹林）が見られるのは、いずれも小面積ですが、以下の場所です（図2－9）。

△1 由加山（倉敷市：瀬戸内海国立公園）
△2 牛窓八幡宮（邑久郡牛窓町：瀬戸内海国立公園）
△3 金山八幡宮（岡山市）
△4 猿掛山（吉備郡真備町・小田郡矢掛町）

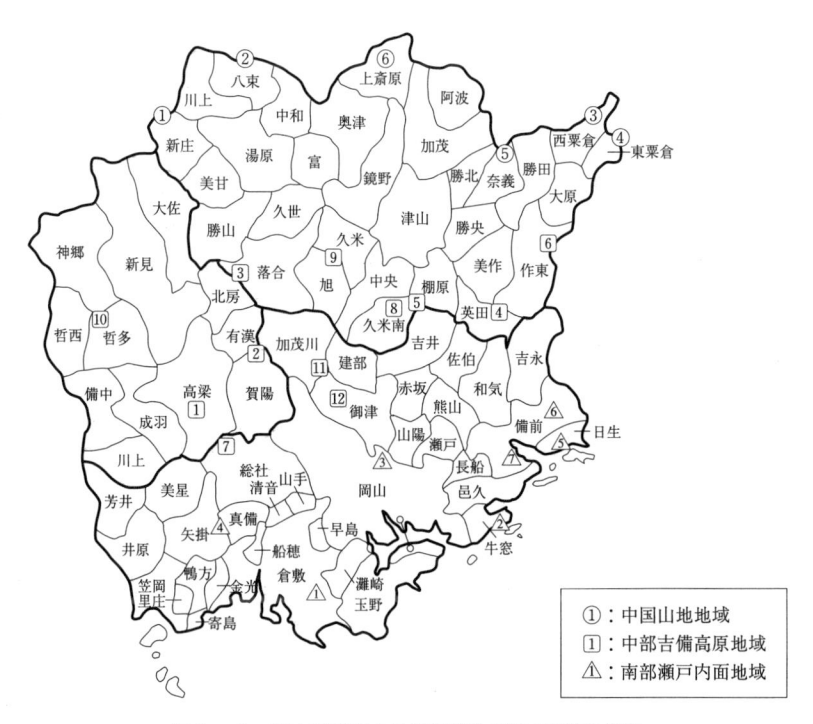

図2－9　岡山県下における自然性の高い森林の分布

△ 高良八幡（和気郡日生町）
△ 八木山（備前市）
△ 久々井八幡宮（備前市）

　以上、岡山県下において、今日も自然状態を比較的よく維持している森林の分布を示したのが図2-9です。

　人間の日常生活圏に存在する山林を「里山」と呼びますが、この地域の森林はすべて里山であり、地域の人間生活に必要な燃料、肥料、家畜飼料、食材などを長年にわたり供給し続けてきました。なかでも、この地域の特産である窯業、製塩のための燃料採取のための森林伐採は、森林の自然回復力の限界を超えるレベルにまで達し、近代に入って瀬戸内の一部では精錬業の排煙も加わり、地域一帯は広大なはげ山になりました（図2-10）。

　この地域はもともとわが国で最も降水量の少ない寡雨地帯であり、地質も花崗岩や流紋岩などの風化しやすい貧養の酸性火成岩が広く分布する地帯であるため、岡山県下では最も植物の生育にとって不利な地帯でもあります。植生の自然回復が困難であれば、人為の補助による緑化を行わねばなりません。緑化

図2-10　瀬戸内地域のはげ山（1950年頃、玉野市）
出所：岡山県治山課資料。

の必要性を最も早く提唱したのが、藩政時代の儒者熊沢蕃山です。しかし、蕃山の時代、緑化はほとんど実行に移されなかったようです。実際には、戦後昭和30年代になって初めて緑化が政策として精力的に行われるようになりました。その結果、最近では、南部瀬戸内面の丘陵地ではげ山を見ることは少なくなっています。

　しかし、この地域には緑化の進展を阻む大きな要因が存在します。1つは、松食い虫被害（正式名は材線虫病）であり、他は林野火災です。これらの実態について、以下で詳しく説明します。

(3) 今日の岡山県下の森林に影響を与える2大要因
1）材線虫病

　常緑樹であるアカマツ・クロマツの緑葉が、毎年初秋に大量に赤変する異常な現象が岡山県南で観察されるようになって久しい。マツも生物である以上、さまざまな原因で枯損しますが、このような一斉大量枯損現象は、いわゆる松食い虫被害として知られています。こようなマツの集団枯損が日本において最初に記録されたのは1905（明治38）年頃、長崎においてでした。その後、同様の枯損現象が主に西日本の造船所やパルプ工場周辺のマツ林に発生するようになり、被害が西日本各地に拡大していきました。

　この現象の原因は、当初、被害木から例外なく他種類のカミキリムシ類、ゾウムシ類、キクイムシ類が見つかることから、これら昆虫類による食害と考えられ、現象も「松食い虫被害」と呼ばれていました。しかし、このような考え方には無理があります。なぜならば、これらの昆虫類が樹皮下で材を摂食するためには、まず樹皮下に産卵され、孵化しなければなりません。（産卵のため）樹皮が傷をつけられると、健全なマツ樹であれば、産卵された卵は滲出した樹脂（松ヤニ）によって死滅するからです。

　この矛盾は長く解明されなかったのですが、1969（昭和44）年ついに真相を解く鍵が見つかりました。被害木には例外なく、昆虫以外に線虫が存在することが判明したのです。この線虫は、未確認の新種であったため「マツノザイセンチュウ（図2-11）」と名づけられました。2年後、この線虫がマツの集団

図2−11 マツノザイセンチュウ（体長約0.7mm）[2]

枯損を引き起こす真犯人であることが証明され、世界的な大発見となったのです。そのからくりは、以下に説明するように、まことに巧妙な生物界のドラマなのです。

このドラマの出演者は、図2−12に示したように、3者です。マツとマツノザイセンチュウ、そしてカミキリムシの1つ「マツノマダラカミキリ」です。枯死したマツ樹体の皮下に産卵、孵化したカミキリムシの幼虫はマツ材を食べて成長し、さなぎとなり越冬します。初夏、さなぎから羽化した成虫はマツ皮を破って外界に出ますが、このとき、マツ材に存在するマツノザイセンチュウが大量にカミキリムシに付着してカミキリムシとともに移動します。付着する

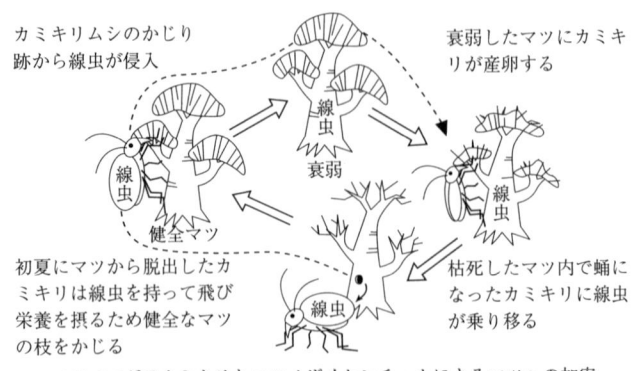

マツノマダラカミキリとマツノザイセンチュウによるマツへの加害

図2−12 マツ材線虫病（松食い虫）の発生メカニズム[3]

マツノザイセンチュウの数は数万匹以上に達するといわれています。羽化したカミキリムシは、ちょうど伸張を始めた柔らかいマツ新梢を食べます。このとき、カミキリに付着してきたマツノザイセンチュウは一斉に傷ついたマツの新梢の傷口からマツ樹体に侵入します。

マツノザイセンチュウが侵入したマツ樹は、数日のうちに樹脂（松ヤニ）を分泌しなくなります。続いて体内の水分調節ができなくなり、初秋の頃に枯死に至ります。カミキリムシは松ヤニの出なくなったマツ樹を嗅ぎ分けることができ、それを選んで産卵します。自分の産卵のため、前もってマツノザイセンチュウをマツ樹に侵入させておくのです。一方、マツノザイセンチュウの体長はわずか0.7mm（図2-11）ですから、移動能力は小さいため、カミキリムシを運び屋として使っているのです。マツ樹こそいい迷惑ですが、こうして見事な連係プレイが完成するのです。

マツノザイセンチュウに侵入されたマツ樹は、多くの場合、松ヤニが出なくなった段階でもう蘇生はできなくなっています。何がこれほどの劇症を引き起こすのかについては、諸説が出されましたが、いずれも不完全なものでした。現在、最も正しいと思われる説明は、1つにはマツノザイセンチュウに侵入されたマツ樹は一種の防御反応として、自ら数種の有機酸を生産し、それによって自身の細胞が損傷するという説です。他は侵入したマツノザイセンチュウ体内に生息するある種のバクテリアがマツ樹内で細胞を破壊するある種の物質を生産するというものです。両説はともに証明済みで、おそらくはそのどちらか、あるいは両方が同時に進行するものと思われます。この両説は、いずれも岡山大学農学部の2つの研究グループによって提唱されました。

図2-13に岡山県におけるマツノザイセンチュウ病被害の推移を示しました。終戦後の1950（昭和25）年前後と高度経済成長が始まった1974（昭和49）年前後に大きなピークがあります。1973（昭和48）年～1975（昭和50）年は全国最大の被害を記録しています。それにしても、なぜこのような大被害が発生したのでしょうか。1つには、実行犯であるマツノザイセンチュウが外来生物であるからです。マツノザイセンチュウは北米大陸からの移入種であることが、DNA鑑定などから分かっています。おそらくは、明治期の後半、長崎県の軍港

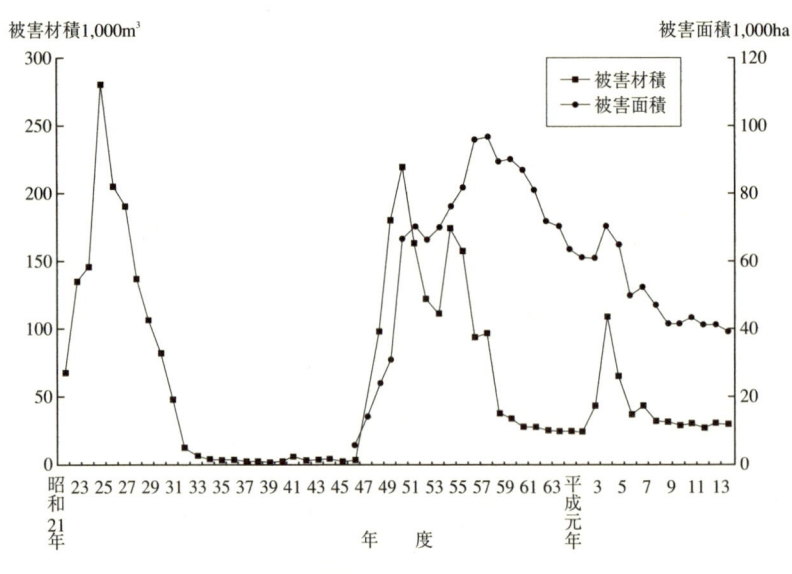

図2−13　岡山県下の'松食い虫被害'の推移
出所：岡山県林政課資料より。

に北米材とともに持ち込まれたのでしょう。北米のマツはどの種もマツノザイセンチュウに対して抵抗性を持っています。北米ではすでに風土病化してしまっているのでしょう。

　ほかの原因は大規模開発です。ゴルフ場、宅地、工場敷地、大規模交通路などの開発のため大量のマツ樹を伐採し、それを林内・林縁に放置するため、マツノマダラカミキリに大量の産卵温床を提供することになり、伐採後2～3年でマツノザイセンチュウを高密度に発生させるからです。このように、病害そのものは生物害ですが、原因は人為によるマツノザイセンチュウの移入や乱開発なのです。言い換えれば、松食い虫被害は人災なのです。

2）林野火災

　岡山県（特に県南）の森林を破壊する重大な要因は、林野火災です。戦後までは少なかった発生件数が、高度経済成長期を通じて非常に多く発生していることが分かります。近年は比較的少ない水準で推移していますが、これでも全国的に見れば非常に多い方なのです。岡山県の1997（平成9）年～2002（平成

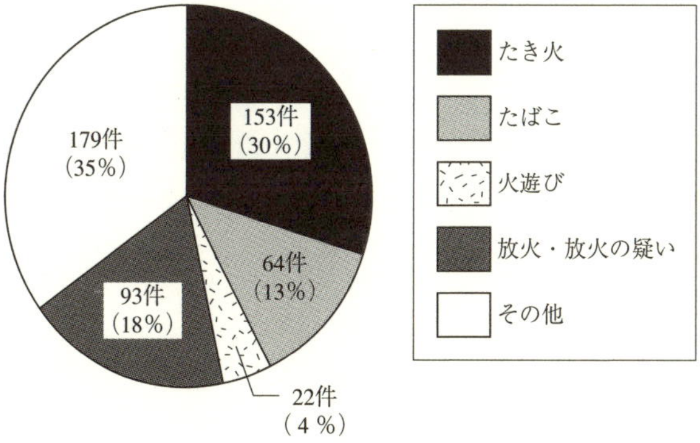
153件
（30％）
64件
（13％）
22件
（４％）
93件
（18％）
179件
（35％）
たき火
たばこ
火遊び
放火・放火の疑い
その他

図２－14　原因別発生状況

13）年の年間平均発生件数は103件で、全国平均60件を大幅に上回っており、全国第８位となっています。被害面積は4,161アール（同全国平均3,471アール）で第13位といずれもトップクラスなのです。

火災の発生には気象条件が影響します。林野火災も同じであり、特に空気の乾燥度が重大な要因であり、統計的には、最小湿度40％以下の日数と林野火災発生件数とはほぼ完全に一致します。降雨量の少ない南部瀬戸内地域は、基本的に火災の発生しやすい条件下にあることになります。

しかし、防災上重要な注目点は、日本における林野火災には自然発火（落雷などによる）はないということです。すべてが人為による人災と考えられます。岡山県における火災原因も、図２－14に示すように、①たき火30％、②たばこ13％、③火遊び４％、④放火の疑い18％、⑤その他35％となっています。

林野火災跡地は景観上だけでなく、防災面からも早期に緑化する必要があります。それには、莫大な費用と労力、時間がかかるのです。こうして、何度、焼失、緑化、焼失……が繰り返えされてきたことでしょうか。

先に述べたように、たとえ気候的には不利であっても、人が注意さえすれば、森は燃えないのです。言い換えれば、森林火災が多発するということは、その地域の住民の森に対する意識の低さが現れているのです。その意味で、岡山県下の林野火災の多さは恥じるべきことといえます。

参考文献

1) 岡山県『岡山の自然』岡山県、1981。
2) 鈴木和夫『林業百科事典』(社団法人日本林業技術協会編) 丸善、2001。
3) 福山研二『森林の100不思議』(社団法人日本林業技術協会編) 社団法人日本林業技術協会、1988。

2-3 河川、湖沼

(1) 岡山の河川と湖沼の概要

　岡山県には、国が管理する一級河川として吉井川、旭川、高梁川があり、県が管理する二級河川としては、笹ヶ瀬川や倉敷川そのほかの多くの河川があります。岡山県の面積の大半を一級河川である3川の流域面積が占めています。また、湖沼としては、人造湖である児島湖があり、さらに、児島湖の貯水容量2,600万m^3よりはるかに大きい湯原ダム貯水池、旭川ダム貯水池、新成羽川ダム貯水池などがあります。このほかにも、溜め池や小さなダム貯水池等が散在しています。主要な河川やダム貯水池の概要を表2-1に示します。なお、吉井川水系には、今までは小さなダムしかなく、現在苫田ダムが建設中です。

　表2-1の中で、有効貯水容量というのは、ダムや堰において計画的に利用される貯水容量を指し、総貯水容量から堆砂容量と死水容量を差し引いた容量です。堆砂容量は、ダム貯水池に流入・堆積する土砂量により貯水容量が減少することを予測したもので、通常100年間の土砂の流入・堆積量がとられます。死水容量は、堆砂容量とは別に、底部の有効利用できない容量を指します。

　岡山県は、県北部の鳥取県との県境付近では降水量が多く平均して年間

表2-1　岡山県内の主要河川と主要ダムの概要

河　川	流域面積 (km^2)	幹線延長 (km)
吉井川	2,110	133
旭　川	1,810	142
高梁川	2,670	111

ダム名	総貯水容量 (m^3)	有効貯水容量 (m^3)	水　系
湯　原	9,960万	8,600万	旭　川
旭　川	5,738万	5,172万	旭　川
新成羽川	1億2,750万	8,050万	高梁川
苫田ダム*	8,410万	7,810万	吉井川

＊現在建設中、近く竣工予定。

2,000mm以上の降水がありますが、南部では降水量が少なく1,200mm〜1,300mm程度です。岡山県での降水は、梅雨時期と台風時期に集中しており、空梅雨の場合や台風による降雨が少ない場合には、水不足になります。通常、夏には水使用量が多いので最もひどい水不足が生じますが、冬も降水量が少ないので水の使用量は減少しても水不足が生じることがあります。

①岡山県下の洪水

　岡山県の河川は、降雨が少ない穏やかな自然条件に対応して形成されており、高知県の河川などと比較して少ない降雨でも河川の氾濫が生じます。吉井川、旭川、高梁川の下流部に関しては、150年に1度程度の雨を対象に氾濫が生じないように計画が立てられ、築堤などの事業が進められていますが、事業の進捗は十分ではなく、最近では、1998（平成10）年に中規模の台風10号が岡山県を縦断し、津山市、吉井町を中心に、床上浸水2,600棟、被害額270億円超の大きな被害が出ました。

②岡山県下の渇水

　また、1994（平成6）年には、岡山県でも異常渇水が生じました。この年は、7月にはいるとほとんど雨が降らず、6〜8月の降雨量は、高梁川では、観測史上最低であり、旭川、吉井川では観測史上2位の少雨でありました。そのため、3河川のすべてにおいて、取水制限が行われ、高梁川水系を中心に大きな被害が出ました。岡山県下の渇水被害は[5]、農業で約13億円で、その約半分は水陸稲麦の被害であり、高梁川の中流部が中心でした。工業の被害額は110億円で、大半が水島コンビナートの基礎資材型工業で、水島コンビナート全体で6割弱の工場が操業率を低下させました。高梁川に被害が特に大きい原因は、高梁川の年間平均水利用率は4割を超え大都市圏並ですが、吉井川、旭川は2割前後であることが関係しています。なお、高梁川の水利用の中身は農業用水の割合が高く、次いで、工業用水、最後に上水となっていて、節水の困難な工業用水や上水の比率が高い大都市圏とは、この点で状況が異なります。

　水質面に関しては、一級河川である3川の水質は比較的清浄ですが、笹ヶ瀬川および倉敷川等の二級河川の水質改善が十分でないことや、ダム貯水池、児島湖の富栄養化が問題になっています。これらの詳細については、以下で述べます。

(2) 児島湖と水質保全対策

　湖沼は地表面でわずかな面積しか占めていませんが、湖沼が自然生態系や人間の生活、レクリエーションなど本来高い経済的価値を有しています。岡山県の南部に位置する児島湖は、1959（昭和34）年に児島湾の一部を締め切ってできた人造湖で、農業用水や漁業に利用されています。また湖奥には二子山が背景をなし、水域と山野の連なる優れた景観を呈している場所でもあります。1985（昭和60）年に湖沼水質保全特別措置法が発布され、児島湖は最初に指定された湖沼の1つです。長い間、児島湖は毎年国内湖沼の水質がワースト5位以内にランクされるという不名誉な状態が続いていました。指定湖沼の指定を受けてから、下水道の整備事業を骨格としてさまざまな児島湖に関わる湖沼水質保全計画が策定され、5年ごとに計画が見直されて今日に至り、少しずつ改善傾向にあります。児島湖は岡山県下における最大の淡水資源であり、憩いの場としても県民の共有財産でもあります。児島湖の水質保全対策は単に湖内および流域の水質だけでなく、周辺自然環境や水辺の環境整備など広範な観点からの総合的な環境保全施策を講じることが必要です[1〜3]。かつて農林水産省や岡山市が児島湖周辺を対象として壮大は公園化構想が立案されたことがありました。しかし、現在は市民の生活と直接的に関係のない汚濁した湖になってしまっています。

①児島湖の水質の現状

　児島湖には倉敷川、笹ケ瀬川、鴨川の3つの二級河川が流入しており、その流域面積約544km^2、流域人口62万人に対して、湖面積は11km^2、湖水量は2,600万m^{3}です。この地理的な特性は、日本最大の湖である琵琶湖と比べると、湖面積、湖水量に比べて、流域面積や流域人口が多いことを示しており、さらに児島湖は河川流域の最末端部に存在することからも、潜在的な汚染強度が強い湖になっています。児島湾を締め切り、湖を作った時点において今日の状況が予想されていなければならなかったのです。いったん汚濁が進み始めると、それを修復することがいかに困難なことであるかを、児島湖の歴史が物語っています。

　児島湖の平均水深は潅漑期で2.1m、非潅漑期では1.8mです。湖底には平均1mあまりのヘドロが堆積しており、水深が浅いため、少し強い風が吹くとヘ

ドロが舞い上がり、湖表面の水の色が変わることが認められます。そのような底質改善のために児島湖へドロの浚渫事業が進められています。

児島湖には水質環境基準値として、COD 5 mg/ℓ、全窒素 1 mg/ℓ、全リン 0.1 mg/ℓ が設定されています。児島湖の水質は環境基準点 2 地点（湖心、樋門前）と補助点 2 地点で常時観測が行われています。一般に湖沼の水質は湖心部の観測地をもって代表されます。

図 2-15 に最近約20数年間の児島湖の水質の変化を示します。

どの水質項目も環境基準値を満足していません。CODの平均濃度は1991（平成 3）年まで、環境基準値の約 2 倍の10 mg/ℓ で推移しましたが、その後の数年間は上昇し、最近では、下水道の整備を軸とする各種の水質保全対策が功を奏したのか、減少傾向が見られます。全窒素もこの数年来減少傾向が見ら

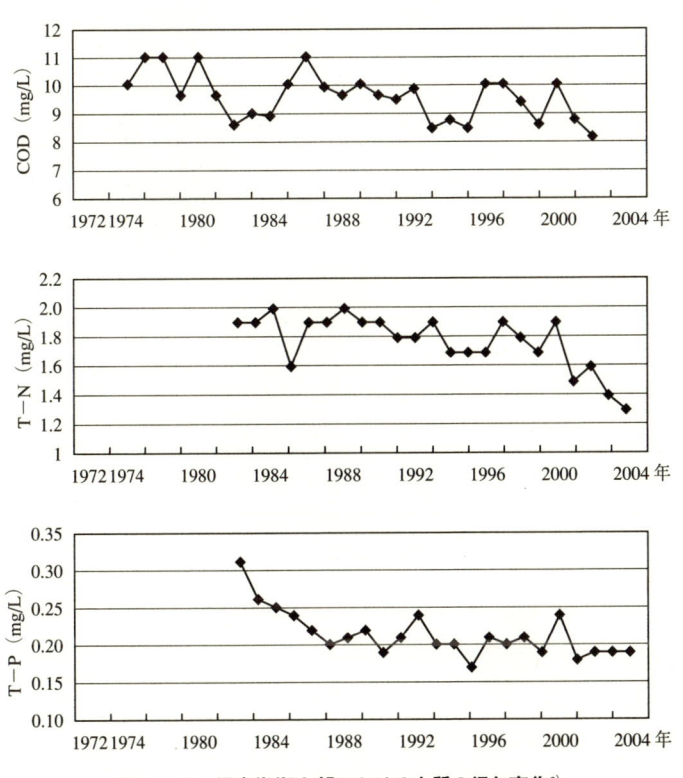

図 2-15　児島湖湖心部における水質の経年変化[3]

れます。全リンは1978(昭和53)年から家庭用洗剤の無リン化が進み、著しい改善が見られましたが、1985(昭和60)年以降はほとんど変化が見られません。2つの流入河川の水質と比較すると、全窒素(T-N)、全リン(T-P)濃度は流入河川水の方が湖水より高くなっていますが、COD濃度は逆に湖内が高くなっています。これは湖沼のような閉鎖性水域での特徴的な現象で、湖内に流入した栄養塩の窒素やリンが光合成作用によって植物プランクトンに変換され、湖内において、水中の窒素、リン濃度は減少しますが、生産された植物プランクトンは全CODとして測定されるために、湖内濃度が高くなるのです。植物プランクトンはやがて湖底に堆積し、分解し、再び無機の栄養塩として湖水に回帰します。このように湖を中心に考えると、河川を通しての汚濁物質は外部負荷と呼ばれるのに対して、堆積した底泥から溶出する負荷を内部生産と

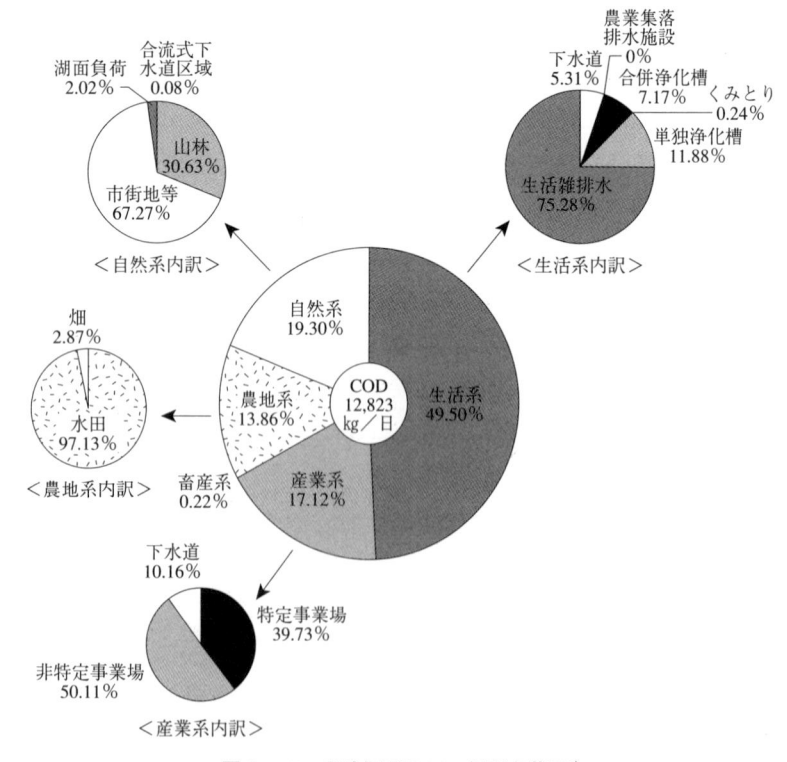

図2-16　発生源別のCOD汚濁負荷量[3]

呼んでいます。湖心の値から算出すると、湖内CODのうち13％は内部生産によると報告されています。2000（平成12）年度の児島湖流域におけるCODの発生源別の汚濁負荷量を図2－16に示します[3]。

CODの排出負荷量の約50％は生活排水系で、産業系を含めると70％弱を占めています。このことから、下水道の整備が児島湖の水質保全に重要であることが分かります。

②児島湖の水質保全対策

岡山県では、湖沼水質保全特別措置法の指定を受けてから、5年ごとに児島湖の水質保全対策が見直されてきました。2003（平成15）年には第4期の湖沼水質保全計画が実施に移されました。

児島湖総合水質改善対策専門家検討会で審議された第4次水質保全計画の概要について紹介しましょう。水質保全計画を立てるとき、先に述べたような、流域別の汚濁物質の発生源特性を解析し、技術レベル、有効性、コストなどを勘案して水質保全計画を立案します。検討会では次のような対策について検討されました。(a) 下水道の整備、(b) 農業集落排水処理施設の整備、(c) 合併浄化槽の整備、(d) 児島湖底泥の浚渫、(e) 単独浄化槽の合併浄化槽への切り替え、(f) 河川での直接水質浄化施設の設置、(g) 河川河口部の浚渫、(h) し尿の単独処理から合併浄化槽への切り替え、(i) 単独公共下水道から流域下水道への移行、(j) 高梁川から児島湖への清水導入量の増加。

児島湖においてはCODが環境環境基準値の2倍近いことから、CODの低減化を図ることを重点的に考えると、下水道の整備が当初の計画より遅れているので、合併浄化槽の整備は有効な方法になります。しかし合併浄化槽の処理効率は必ずしも良くないので、放流先の全窒素、全リン濃度をかえって高めることになり、排水が閉鎖性水域に流入するような地域では、富栄養化を助長することになります。長期的には、汚泥の再堆積が起こるので、底泥の浚渫は意味をなしませんが、短期的には底泥からの窒素、リン等の溶出を抑えることによって、CODの内部生産を抑制することができ、水質改善に効果が認められます。湖内水質予測の試算の結果、下水道が完成し、上述の種々の施設を設置すると、児島湖のCODは基準値を達成するということが分かりました。しかし財政問題、

費用対効果等を考慮して実現可能な施策を考えると、児島湖の水質改善はまだまだ先のことになるでしょう。私たちが毎日の暮らしの中で水を大切に使うこと、汚濁原因物質を水に流さないように注意することこそ最大の児島湖の水質浄化対策であることを認識しなければなりません。児島湖が真に県民に親しまれる湖として再生することが望まれています。川や湖などの水辺は私たちに心の安らぎを与え、リフレッシュさせてくれる貴重な場を提供してくれるのです。岡山県民にとって児島湖は貴重な水辺、淡水資源の場であります。大切にしてゆきたいものです。

参考文献
1) 岡山県『児島湖ハンドブック』p.56、2001。
2) 岡山県『岡山県環境基本計画―エコビジョン―改訂素案』岡山県環境審議会専門員会資料、2002。
3) 岡山県『児島湖総合水質改善対策専門員家検討会報告書』、2002。

(3) 河川・ダム貯水池の現状と環境保全対策

ここでは、河川・ダム貯水池の現状と環境保全に関して、洪水、渇水、水質の側面から述べます。最初に、洪水と渇水について現状を説明します。

洪水については、比較的温暖な気象条件であるにもかかわらず、岡山県でも洪水による氾濫が頻発しています。この表に吉井川、旭川、高梁川の出水量の上位5位までを示します[6]。この表2－2にあるように、岡山の3大河川は、流域平均の降水量が、100mmを超えると危険な段階になります。この数値は流域平均であり、集中豪雨の場合は局地的にはもっと大きな値になります。また、頻繁に台風の来襲を受ける高知県の河川とは危険になる降水量が大きく異なります。

渇水では、1994（平成6）年の渇水が近年では最もひどい渇水であり、データもそろっているのでこれについて紹介します[7]。取水制限の経過は図2－17のとおりです。途中で取水制限が解除されているのは、降雨に伴う流量増加によります。農業用水の取水制限は取水時間で行われ、50％カットの場合は2日に1度の割合で取水されました。高梁川の農業用水については、90％カットとい

表2－2　岡山県における主要な洪水

順位	吉井川 原因発生年	降水量(mm)	出水量(m³/s)	旭川 原因発生年	降水量(mm)	出水量(m³/s)	高梁川 原因発生年	降水量(mm)	出水量(m³/s)
1	台風 1998	168	7,240	台風 1934	226	6,000	台風 1934	173	6,360
2	台風 1945	219	6,200	台風 1945	169	4,800	梅雨 1972	305	5,660
3	台風 1988	267	4,870	台風 1998	182	4,310	台風 1945	201	5,630
4	梅雨 1972	261	4,790	梅雨 1972	269	3,700	前線 1980	132	5,200
5	台風 1979	208	4,610	梅雨 1971	133	3,180	台風 1998	150	4,130

注：降水量は2日間の合計量。

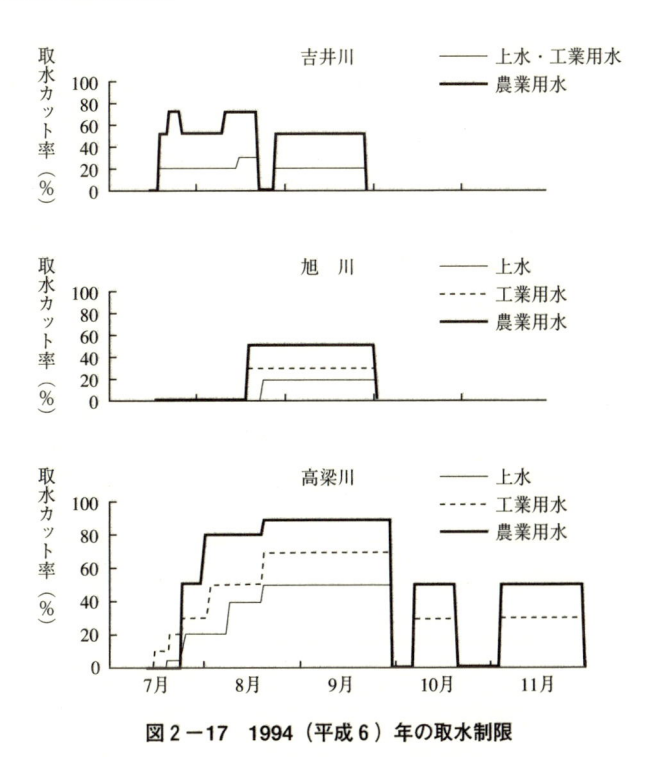

図2－17　1994（平成6）年の取水制限

う極端な節水まで行われましたが、水管理に多くの努力が払われた結果、一部の地域を除き水稲の作柄は良好でした。このとき、児島湖の水も、用水路の上流へ送水され循環利用されました。上水においては、減圧給水や時間給水がなされ、工場においては、用水の海外からの輸入、井戸の掘削なども行われましたが、減産に追い込まれた企業も多くありました。電気、ガスなどの生活と関連を持つところや、工場移転（雇用問題）が現実になりかねない工場もあって、一律な取水制限には問題があるとの声も上がりました。旭川と吉井川とでは、水利用の特性、気象などの特性から判断して、大差がないようにも見えますが、取水制限の経過からすると、吉井川の方がかなり厳しい状態でした。旭川では約1億6,000万m^3のダムの総貯水容量がありますが、吉井川では約1,000万m^3しかなかったことが、取水制限の厳しさになったようです。また、この渇水における岡山市水道の総給水量は、節水キャンペーンが始まる前の7月中旬には、35万m^3／日近くありましたが、1回目の節水チラシ配布で31万m^3／日近くに減少し、8月初めと中旬に大口使用者への節水依頼と全戸への節水チラシの配布が行われ、減圧給水が行われる以前の状態でも、27～28万m^3／日程度にまで約20％給水量が減少しました。岡山市が節水依頼をした大口使用者の使用水量は、総配水量の約1割程度しかなく、また、一般家庭の総配水量に占める割合は5割強程度ですから、大口使用者だけでなく多くの市民によって家庭から職場までの広範囲な生活の場で、節水が行われたと考えられます。また、高梁川における最大不足水量は、工業用水では6m^3/s強、上水では1.6m^3/sにもなり、これらは水資源開発で対応できる水量ではないと考えられます。ダム等の施設をどのような異常渇水にも対応できる状態にするのは、経済的にも環境の側面からも得策とは考え難く、1994（平成6）年夏のような異常渇水に対しては、利水調整、流域間での水の融通、農業排水の工業用水としての利用、多様な水源利用、緊急支援等により、致命的な影響を避けるための方策が必要と考えられます。

　最後に、水質面について述べます。図2－18、2－19にBODの75％値を示します[8]。これによれば、旭川でははっきりとした最近の水質改善傾向が現れており、吉井川、高梁川でやや改善傾向が認められますが、ダムでは明確な傾向を認めることができません。河川水質は降雨や流量の影響を強く受けますから、渇水であ

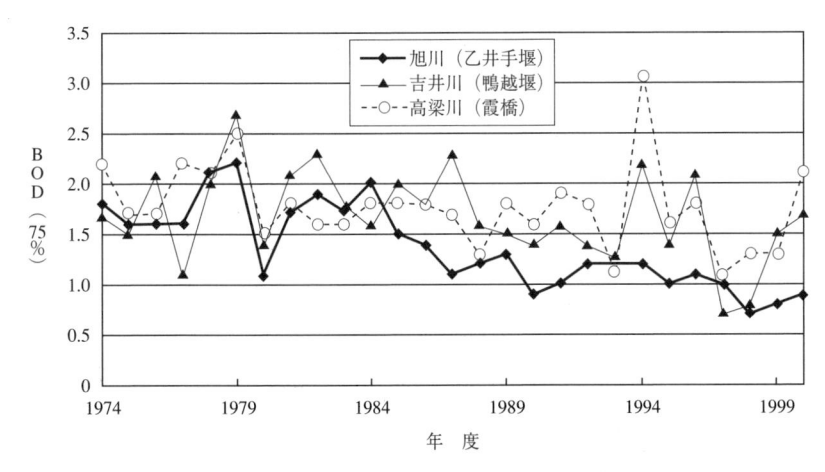

第2章 岡山の自然と環境問題　79

図2-18　岡山3川のBOD（75％）の経年変化

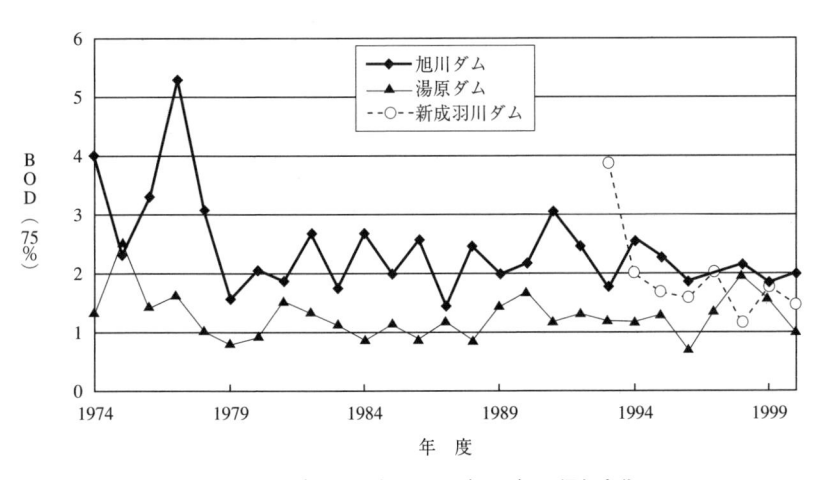

図2-19　ダム貯水池のBOD（75％）の経年変化

った1994（平成6）年には、水質が悪化した河川もあります。河川の水質の改善の背景には、排水規制の強化、下水道整備等の進展、環境意識の向上等があると考えられます。

　2001（平成13）年度末現在で岡山県の下水道整備率を概観しますと、次のようになります[9]。県全体の下水道整備率は41％であり、この10年間で21％も上昇しました。しかしながら、全国平均からすると常に20％程度低い整備率で推

移しています。岡山県の中心的な都市である岡山市や倉敷市の整備率はそれぞれ43.6％と53.7％であり、県平均よりは高いのですが、全国平均[10]の63.5％よりは低く、県内には両市より整備率が高い町村が多数存在する一方で、10を越える町村でほとんど整備されておらず、下水道整備が遅れています。

富栄養化が著しい旭川ダム貯水池では、空気を貯水池低層水中から泡にして吹き出す散気による藻類抑制対策がとられており、水質調査結果からもその効果が認められます。また、新成羽川ダム貯水池においても藻類の増殖抑制対策の検討が始まっています。

魚を飼育する水槽では、水中への酸素供給のために水底から気泡が出ているのをよく見かけます。このように、空気を気泡の形で水中に送り込むことを散気といいます。水中を上昇する気泡の働きに伴って水も一緒に動くので、散気には水を混ぜる効果もあります。水質浄化では、装置が大規模になりますが、原理は同じです。

散気の水質改善効果は次のようです。散気に伴い上下層間で緩やかな循環流が生じ、光が十分な表層で増殖する藻類が、循環流により光のあまり届かず増殖できない下層に運ばれるので藻類増殖が抑制されます。また、酸素が下層水に供給され、下層水の溶存酸素の欠乏が抑制されます。さらに、空気が送り込まれている水深より上層では、循環流により水温が一様になり、雨天時の栄養塩を多く含んだ河川水は、水温が低いので循環している層の下へ流入し、表層への栄養塩供給が抑制されます。

参考文献

1） 宗宮功、津野洋『水環境基礎科学』コロナ社、p.4、1997。
2） 矢野悟道『日本の植生―侵略と攪乱の生態学』第3刷、東海大学出版会、pp.16-18、1991。
3） 太田次郎他編『基礎生態学講座9 生物と環境』朝倉書店、p.99、1993。
4） 山田俊郎他「森林集水域からの水質成分流出特性の比較」土木学会第51回年次学術講演会講演概要集第VII部門、pp.385-359、1996。
5） 岡山県土木部河川課『渇水の記録―平成6年度異常渇水の状況と対策について』p.75、1995年3月。

6）国土交通省岡山河川工事事務所ホームページ『岡山三川の歴史』http://www.okakawa-mlit.go.jp。
7）河原長美『'94異常渇水（岡山県）と異常事態に強い水代謝システムの形成　水』第38巻、2号、1996。
8）岡山県『公共用水域の水質測定結果（昭和49年〜昭和63年）、公共用水域及び地下水の水質測定結果（平成元年〜平成12年）』。
9）岡山県下水道課ホームページ、http://www.pref.okayama.jp/doboku/gesui/gesui.htm。
10）日本下水道協会ホームページ、http://www.alpha-web.ne.jp/jswa/。

(4) 多自然型河川整備

多自然型河川整備（多自然型川づくり）とは、治水上の安全性を確保した上で、草花や鳥や魚などのさまざまな生き物を育む、多様で豊かな自然環境を保全、創出、再生することをめざす河川整備のことです。例えば、魚類の生息に重要な瀬と淵の創出、木や石を用いた空隙のある多様な水辺環境の創出などです[1]。

多自然型河川整備における基本的な考え方は、以下の4点です[2]。

①多様な河川形状を保全・復元する。

「川の原風景の保全・復元」、「多様な生物生息場の保全」を含む[3]。

②連続した環境条件を確保する。

上下流方向、横断方向の連続した環境条件を確保する。

③生態系の保全を図る。

地域の良好な環境を代表する生物を含めた生態系を保全する。

④水の循環を確保する。

人工構造物の設置で自然の水の流れが遮断されないように配慮する。

1997（平成9）年6月の河川法の改正により、「河川環境の整備と保全」が河川法の目的に加えられたことから、多自然型河川整備は今では河川改修の基本として本格的に採用されています[4]。

岡山県内を見ても、国の直轄区間はもとより、県市町村の管轄区間においても、数多くの多自然型河川整備が行われています。この中には、自然あふれる子どもたちの遊び場として、また、自然体験できる場としての水辺整備を兼ねて行われるものも増えています[5]。こうした河川整備を「水辺の楽校」と称し、

図2−20　金剛川水辺の楽校　　　　図2−21　アユモドキ産卵場整備
出所：国土交通省中国地方整備局岡山河川事務所。

地元の人たちの意見をもとに整備が行われています。

　高梁川では、川辺橋上流に「きよね水辺の楽校」が1999（平成11）年度に完成していますし、総社市富原地先と真備町地先でも「快適ふれあい空間」をテーマとして整備が行われています。また、吉井川水系の金剛川では、和気町大田原地先で「ホタル舞う里の復活」をテーマとして、2000（平成12）年度に水辺の楽校が整備されています（図2−20参照）。

　また、旭川では、国の天然記念物に指定されているアユモドキの産卵場所が、岡山市玉柏の旭川左岸に整備されました（2000（平成12）年完成）。この整備に当たって、当時の国土交通省中国地方整備局岡山河川工事事務所（現在の国土交通省中国地方整備局岡山河川事務所）は、流域の市民団体のネットワークである「旭川流域ネットワーク（AR-NET）」などと連携し、計画検討の段階から住民の意見を反映した多自然型河川整備を行いました（図2−21参照）。

参考文献
1) 国土交通省関東地方整備局京浜工事事務所監修『多摩川水系河川整備計画読本』(財)河川環境管理財団、p.192、2001。
2) 中小河川における多自然型川づくり研究会編著『中小河川における多自然型川づくり―河道計画の基礎技術―』(財)リバーフロント整備センター、p.2、1998。
3) (財)リバーフロント整備センター編『河川と自然環境』理工図書、p.6、2000。
4) 建設省河川局監修『新しい河川制度の構築』(社)日本河川協会、pp.3-4、1997。

5）『OKAYAMA RIVERS 2002』国土交通省中国地方整備局岡山河川工事事務所、p.16、2002。
6）（財）リバーフロント整備センター編著『まちと水辺に豊かな自然をⅢ　多自然型川づくりの取組みとポイント』山海堂、1996。
7）（財）リバーフロント整備センター編『多自然型川づくり　施工と現場の工夫』（財）リバーフロント整備センター、1998。
8）（財）リバーフロント整備センター編『多自然型川づくり　河岸を守る工法ガイドブック』（財）リバーフロント整備センター、2002。

2－4　温泉、地下水

(1) 岡山の温泉

　岡山県を代表する温泉として、湯原温泉、奥津温泉、湯郷温泉のいわゆる美作三湯が古くから知られています。湯原温泉の周辺には、郷緑、足、真賀などの温泉も古くから湧出しています。これらはいずれも県北地域に位置しています。中部以南では、小森、鷺の巣、月の原、鬼ケ嶽、八幡、浮田、粟井、苫田、湯迫など、古くから言い伝えのある温泉が多く見られますが、ほとんどが冷泉で、加温して浴用や湯治などに利用されています。

　近年、掘削による温泉開発が進み、源泉は県内のほぼ全域に分布するようになりました（図2－22）。岡山県庁に保管されている温泉台帳には、2002（平成14）年3月31日現在、202の源泉が登録されています。しかし、湧出温度は全般的に低く、25℃以下の冷泉が半数以上を占めています。40℃以上の温泉は数の上では全体の約6分の1に過ぎず、50℃を超す温泉はありません。

　一方、中国山地の分水界を越えて山陰側に入りますと、50℃以上の温泉が一般的です。中には、94℃の高温の温泉水が岩の割れ目から自然に湧き出しているところもあります。図2－23は、山陰地方の温泉と美作三湯の位置を温度で分けて示したものですが、山陰と岡山とで湧出温度に明らかに違いが認められます。また、山陰には、食塩型、重曹型、芒硝型などの種々の泉質が見られますが、岡山県側では、食塩型の湯郷温泉と、最近深い掘削によっていくつかの

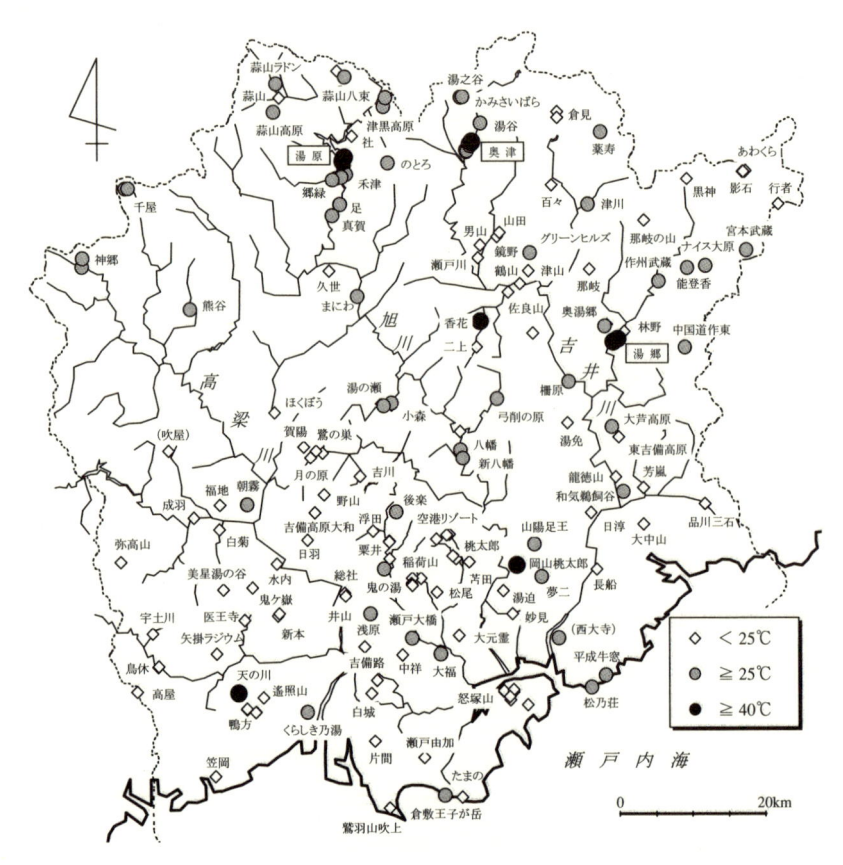

図2-22　岡山県の温泉分布
注：2002（平成14）年3月における状況で、記号は湧出温度の違いを表します。

地域で見いだされた高塩分泉（主に食塩型ですが、塩化カルシウム型もあります）を除くと、ほとんどが成分量の少ない単純泉です。温泉がどうしてこうも山陽と山陰で異なるのでしょうか。それは、一言でいえば、山陰地方は火山地域であり、岡山地方は非火山地域であるということができましょう。

(2) 温泉の定義

法律の上では、「温泉は、地下から湧出する水のうち、温度が25℃以上を有するもの、あるいは25℃より低くても、全成分または特定の成分をある規定量

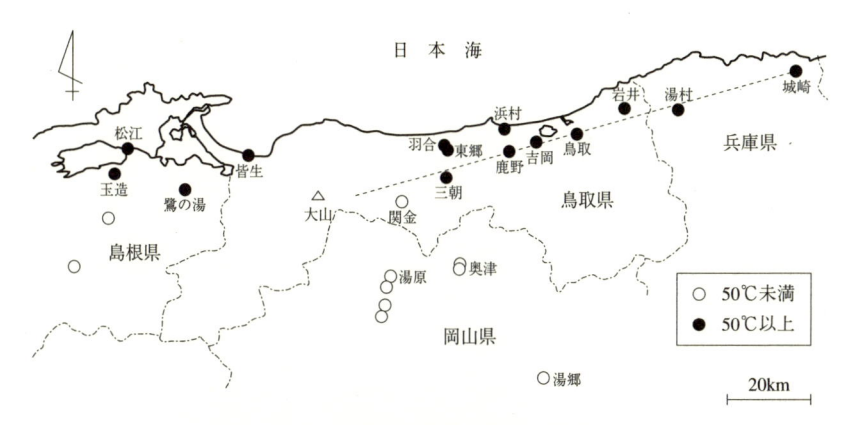

第2章　岡山の自然と環境問題　85

図2-23　山陰地方の温泉と美作三湯の分布
注：記号は湧出温度の違いを表します。

以上含むもの」として定められています。常識的には、温泉は、浴用に利用できる程度以上の温度を有するものと見るのが普通でしょう。科学的な表現を用いますと、温泉とは、地下から温度が高く一定の成分を有する水が地表に湧出する現象であるということができます。温度の高いところでは、岩石から成分が溶け出やすいので、一般に、温度の高い温泉ほど成分の量が多くなります。

(3) 温泉の湧き出る機構

どうして地下の深いところから温かい水が上昇してくるのでしょうか。深部の水は一般に岩盤の割れ目の中に存在しますから、温泉が湧出するためには、水が深くまで循環できる通路として、一続きの深い割れ目がなければなりません。そこで、割れ目中の水の通路を地中深く鉛直に立てたU字型のパイプに見立ててみましょう。

地球内部の熱は地表に向かって常に流れているので、地温は深さとともに高くなっています。そういう地層中に水で満たされたU字管が埋められているものとします。管の中の水が動いていなければ、それぞれの深さで管の水の温度は周りの地層の温度と等しくなっているはずです。水が流れておれば、図2-24のように、U字管を降りる部分では水の温度は周りの地層の温度よりも低いので、水は地層から熱をもらって徐々に温かくなりますが、水が昇る部分では管の水よ

りも地層の温度が低いので、水は地層に熱を与えながら上昇することになり徐々に冷やされます。それでも、管の出口では温かい水が流れ出ることになります。

水は水面の高いところから低い方に向かって流れるので、U字管の両端で水面の高さが違っておれば、管の中の水は図2-24のように

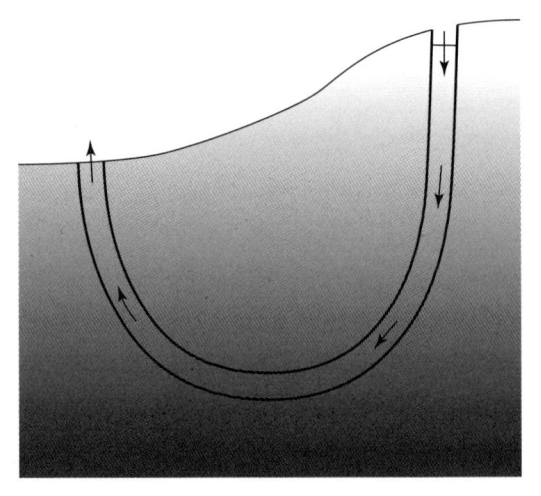

図2-24　温泉のできる仕組み
注：影が濃いほど温度が高いことを表します。

流れます。割れ目の入口が山地にあって出口が平地にある場合や、入口が谷の上流にあって出口がその下流にある場合には、上流側の入口から入った水は割れ目の中を下流側に向かって移動し、出口で湧き出し続けます。温泉の湧出が一般に山間の谷間や山地から平地に変わるところに見られるのはこのような理由によるものです。

(4) 岡山に温泉が少ない理由

岡山地方は、山陰地方と比べると地震活動が極めて少なく、温度の高い温泉が見られません。山地があっても天然の温泉湧出が少ないことは、深部の割れ目が地表付近の循環水（河川水や地下水）に通じてなく、水の深い循環が起こっていないことを意味します。これは、火山帯の通る山陰地方と違って、岡山地方では規模の大きい地殻の割れ目構造やそれに付随する割れ目系が発達してないためといえます。山陰地方の基盤は多くの割れ目系によって細切れになっていますが、岡山地方は割れ目の少ないしっかりした岩盤が一枚岩のように広く横たわっているので、水の深い循環が起こりにくくなっているといえます。県北地域で比較的温度の高い温泉湧出が見られるのは、このあたりまで山陰の

割れ目系が及んでいて、しかも、背後に標高の高い中国山地があるので、水の深い循環が起こっているためと考えられます。

また、地下の温度においても、岡山地方と山陰地方とで大きく異なっています。山陰地方では深さ100mあたり5〜6℃の割で地温が高くなりますが、岡山地方ではその約半分の2〜3℃程度の増温率に過ぎません。岡山の地下増温率を100mあたり3℃としますと、地表付近の地温は年平均気温の程度ですから、1,500mの深さでは60℃程度まで上がることになります。温泉水が湧出管を上昇する途中に受ける冷却を考えても、1,500m以上の深さまで掘ればどこでも浴用に利用できる温度の温泉が得られるはずです。

ところが、県内温泉の湧出温度を見てみますと、図2−25にその南北方向の分布を示しましたが、湯原、奥津温泉以外の地域では、1,000m以上の深さまで掘っても、汲み上げると30℃前後の水しか得られない場合が多いのです。掘削して40℃前後の水に出会えて温泉の恩恵に浴しているものは数えるほどしかありません。深く掘って孔底で十分な温度に達しても、浴用に利用できるような温度の水が得にくいのは、地域の岩盤が全般的にしっかりしていて、水のある割

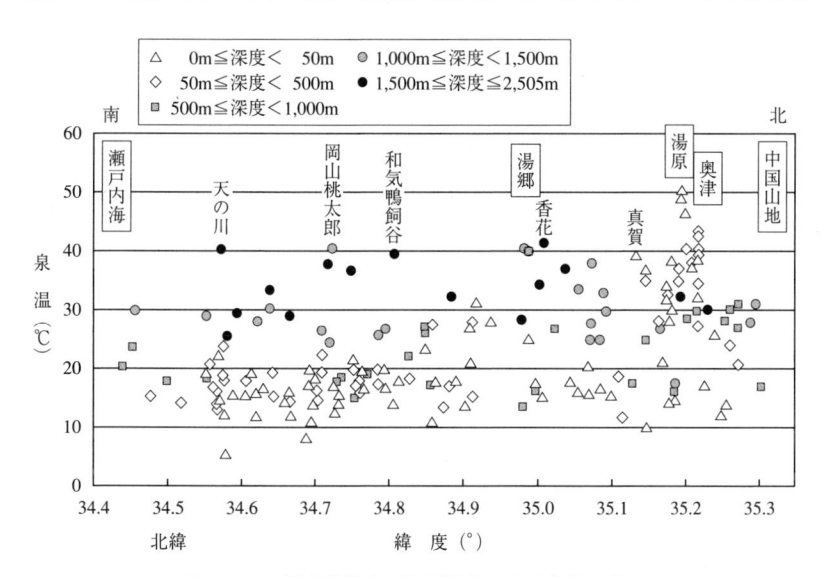

図2−25　岡山県温泉の掘削深度による泉温の違い
注：子午線に投影したもので南北方向の分布を示します。

れ目に遭遇する確率が小さく、また、割れ目に出会えても十分な水量がないので上昇中に冷却するためと考えられます。

(5) 温泉は大切な天然の恵み

　岡山県には、北部地域で古くから湧出している天然の温泉と、ほぼ全域で開発が進行中の深い掘削による動力揚湯温泉とがあります。前者は、絶え間のない水の深い循環によって作られる天然の恵みといえるものですが、後者は、ほとんど動いていない深部の水を無理に汲み上げて消費するタイプのものです。

　地域の基盤は、何千万年も前から種々の変動を繰り返し受けてきている花崗岩類ですから、深部には古い割れ目が多く残されている可能性があります。掘削によって、深部の閉塞した割れ目に水を人工的に送り込んで循環させれば、ある程度持続的に温泉採取のできる可能性はあるのかもしれません。

参考文献
1) 白水晴雄『温泉のはなし』技報堂出版、p.201、1994。
2) 石井猛・圓堂稔『岡山の温泉』岡山文庫68、日本文教出版、p.174、1976。
3) 川端定三郎『岡山の温泉めぐり』岡山文庫176、日本文教出版、p.169、1995。

(6) 岡山の地下水と地質

　地下水は地表に降った雨水が地中に浸透して貯蔵されている水です。雨水は海水が常温で蒸発した一種の蒸留水ですが、空気中に浮遊する物質を溶かし込んだ水です。雨水の中に含まれる成分は、海岸付近と内陸部では大きく変化します[1]。降水が地表の岩石、腐植土などと反応しながら地中に浸透して、種々の成分を溶かして地下水となります。地下水の流れの速度は一般に遅く、1年間に数mから数100m程度で、非常に長い時間周囲の岩石と接触することになります[2~5]。このため地下水が通る道筋や貯蔵されている場所がどのような岩石（地質）でできているかは、地下水に含まれる成分を決める重要な要因になります[6]。

1）岡山県の地質

　岡山県には花崗岩、流紋岩、安山岩、閃緑岩、玄武岩、斑砺（はんれい）岩等の火成岩類、泥質片岩、緑色片岩等の変成岩類および泥岩、砂岩、礫（れき）岩、石灰岩等の堆積岩類の様々な岩石が産出し、変化に富んだ地質となっています[7]。岩石・地質が地下水や河川水の水質に大きく影響することは多くの研究から明らかになっています[8]。

2）水と岩石の反応

　空気中の二酸化炭素を溶かした弱酸性の水が地中を移動するとき、周囲の岩石と反応して、次のような鉱物を溶解します。

$CaCO_3 + CO_2 + H_2O = Ca^{2+} + 2HCO_3^-$
（石灰石）
$2NaAlSi_3O_8 + 2CO_2 + 3H_2O = Al_2Si_2O_5(OH)_4 + 2Na^+ + 2HCO_3^- + 4SiO_2$
（曹長石）　　　　　　　　（カオリナイト）

　このような化学反応を伴う風化を化学的風化作用といい、種々の成分を溶解しながらカオリナイトなどの粘土鉱物を生成します[9]。粘土鉱物はイオンを吸着する性質を持っていますが、なかには陽イオンを交換する性質を持ったものがあります。種々の岩石の風化による粘土鉱物の生成や粘土の吸着、陽イオン交換反応などにより地下水の成分が変化します[2][10]。

　近年では酸性雨による影響が表れ、ヨーロッパ諸国、アジア、北米などでは深刻な環境問題になっています[11]。日本では雨量が多いことなどの理由で、問題はあまり表面化していませんが、時間の経過につれて無視できなくなるでしょう[12]。

3）硬水と軟水

　上の反応式のように、水は石灰岩地域では岩石を溶かし鍾乳洞などを作ります。そして、水は多量のカルシウムを含んだ、いわゆる硬水になります。硬水はカルシウムイオン（Ca^{2+}）"およびマグネシウムイオン（Mg^{2+}）を多く含んだ水で、それらをあまり含まない水を軟水と呼んでいます。水1ℓ中に酸化カル

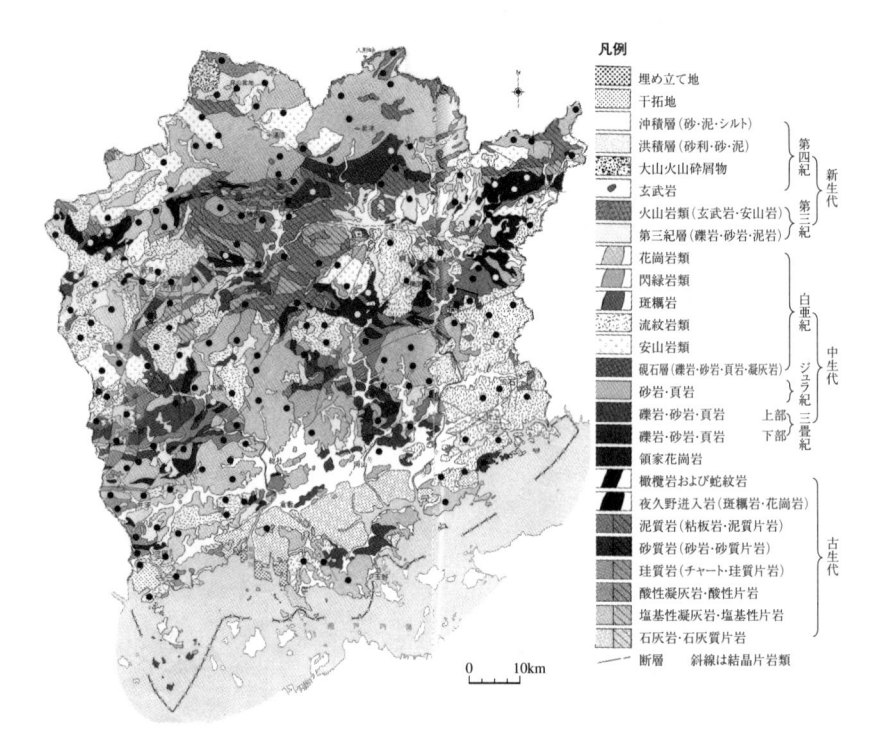

図2－26　岡山県の地質[7]と水質分析のための採水地点（●、○）位置図

シウムが10mg含まれるとき、硬度1度とします。マグネシウムは、1.4MgO＝1CaOの式で酸化カルシウムに換算します。通常、硬度20度以上を硬水、10度以下を軟水と分類します[13]。ヨーロッパ、アジア、アメリカなどの大陸では硬水が普通ですが、日本の水道水、井戸水はほとんどが軟水です。岡山県の井戸水の硬度は、花崗岩地域では平均1.7、玄武岩地域では4.8、石灰岩の多い地域では6.2となり、いずれも軟水の範囲に入ります。硬度の高い水は沸騰することで炭酸カルシウムなどが沈澱（缶石）して、軟水となります。

4）地下水（井戸水）の成分

地下水には主にカルシウム（Ca^{2+}）、マグネシウム（Mg^{2+}）、のほかにナトリウム（Na^+）、カリウム（K^+）イオンなどの陽イオン、炭酸水素（HCO_3^-）、硫酸（SO_4^{2-}）、塩化物（Cl^-）イオンなどの陰イオンおよびケイ酸（SiO_2）を含んでいます。これらのほかに鉄、アルミニウム、マンガンおよびリン酸、炭酸、フ

ッ化物イオン（F⁻）を微量に含むことがあります。また、有機物やガス（N_2、O_2、CO_2、CH_4、H_2Sなど）も含みます。

地下水の塩類濃度は沢水と同様に溶存成分の少ないないものから、温泉・鉱泉、油田・ガス田などのかん（鹹）水の様に海水の濃度を上回るものまで多種多様です[2)][14)]。

地下水に含まれる成分の濃度の順序は、河川水と同様にCa＞Na＞Mg＞K、HCO_3＞Cl＞SO_4で、海水ではNa＞＞Mg＞Ca＝K、Cl＞＞SO_4＞HCO_3となり、地下水、河川水などの陸水と海水とで各成分の順位は逆転します[6)][14)]。

5）岡山県の井戸水中の成分

地下水のうち、生活用水として長年利用されてきた井戸水について触れます。岡山県下の井戸水に含まれる各成分の地質および地域による特徴は次のようになります。

Ca^{2+}, Mg^{2+}, HCO_3^-およびpH；玄武岩、輝岩、斑砺岩などの塩基性（SiO_2の少ない）の岩石および石灰岩地域で濃度が高くなります。Ca^{2+}とHCO_3^-は石灰岩地域で特に高くなります。

Na^+, K^+, Cl^-；流紋岩、泥質岩の一部や花崗岩類で濃度が高くなります。北部から南部へ向かって高くなり、生活排水など人間活動による影響が考えられます。

NO_3^-, SO_4^{2-}；肥料・生活排水などの人為汚染がある場所で濃度が高くなります。岡山県には硫化鉄や銅の鉱山[7)][15)]が多数存在するため、SO_4^{2-}はその付近でも高い値を示します。

F⁻；大部分の地域では検出されませんが、県の南西部の井原、笠岡、矢掛、総社などで含まれ、スカルン鉱山など[15)]の近くでかなり濃度が高い値を示します。

SiO_2；流紋岩、花崗岩類、閃緑岩類、堆積岩地域で濃度が高くなります。

全溶存固体（TDS）；砂岩礫岩類、花崗岩類、安山岩などで濃度が低く、石灰岩および斑砺岩、玄武岩などの塩基性の岩石で高くなります。

表2－3には代表的な岩石・地質の地域から採取した井戸水の水素イオン濃度pHおよび各溶存成分（ppm）の平均値を示します[16)]。岩石の種類により井戸水の成分が大きく変化します。花崗岩ではNa, Kに比較的富んだ水に、玄武岩などの塩基性岩はMg, Caに富み、石灰岩では特にCa, HCO_3に富んだ水になりま

表2-3 代表的な岩石・地質地域から採取した井戸水の主要成分の平均値（ppm）[16]

地質	pH	Na	K	Ca	Mg	HCO3	Cl	NO3	SO4	SiO2	TDS
花崗岩	6.9	8.2	2.2	8.5	2.2	26.5	6.9	8.9	10.5	24.0	98.1
流紋岩	7.0	8.4	4.7	10.7	2.2	36.4	9.3	6.7	11.7	24.7	115.2
安山岩	7.4	5.9	1.1	9.6	2.0	38.3	5.4	3.8	4.4	19.5	90.1
閃緑岩	7.1	8.6	1.7	18.3	5.4	72.5	7.2	8.9	11.4	25.8	160.2
玄武岩	7.4	5.5	1.4	19.8	8.6	80.7	9.8	11.0	13.1	21.7	172.1
斑糲岩	7.2	5.8	1.6	23.2	8.6	82.7	7.6	14.5	16.9	23.8	185.0
泥岩	7.2	9.4	1.5	10.3	2.4	45.7	6.2	3.1	8.6	23.6	111.1
砂岩	6.8	6.8	3.1	12.5	3.9	37.0	8.7	8.5	17.9	21.3	120.4
山砂利	6.8	5.4	2.2	7.4	1.9	23.2	4.7	5.3	8.0	18.3	76.6
凝灰岩	7.8	5.7	0.9	3.9	2.4	28.4	5.1	0.9	0.9	26.8	74.9
石灰岩	7.8	3.4	0.8	40.0	3.7	129.9	4.4	6.0	6.5	11.8	206.7
全平均	7.1	7.5	2.2	13.7	3.3	48.4	7.3	6.9	10.9	22.3	123.0
河川平均*	7.5	5.7	1.1	9.9	1.7	37.3	4.8	2.2	6.2	12.9	81.9

注：＊吉井川、旭川、高梁川の平均。

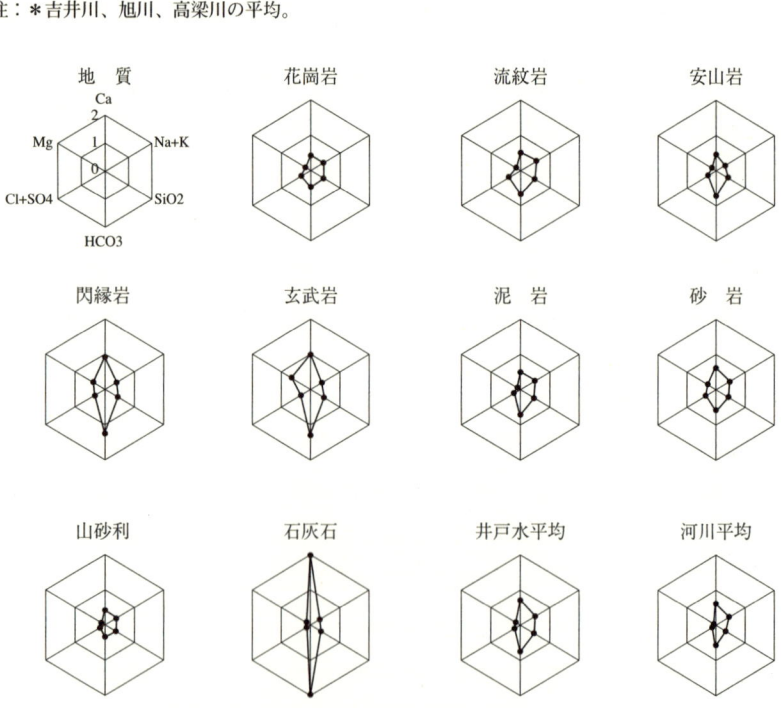

図2-27 代表的な地質における水質のパターン
　　　注：軸目盛りの数値の単位はミリ当量。

す。これに対して、堆積岩ではそれのもとになる岩石が地域によって異なり、いつも同じ傾向を示すわけではありません。

　図2-27には代表的な地質における水質のパターンを主要6成分（Ca, Mg, Na+K, HCO_3, Cl+SO_4, SiO_2）の濃度（mg/ℓ）で示します。軸の単位はミリ化学当量（元素の原子量を原子価で割った値の1,000倍）で示しています。花崗岩、砂岩、山砂利では溶存成分が少なく、各成分の割合がほぼ等しい形となります。閃緑岩、玄武岩ではCa, Mg, HCO_3が増加し、石灰岩ではCaとHCO_3に大きく富んだ形となります。井戸水の平均は河川水（高梁川、旭川、吉井川の平均）とよく似たパターンを示しますが濃度が約1.5倍となっています。

参考文献
1）角皆静男『雨水の分析』講談社、1972。
2）『地下水ハンドブック』建設産業調査会、1979。
3）榧根（かやね）勇『地下水の世界』NHKブックス（651）、1996。
4）土質工学会編『地下水入門』地下水入門編集委員会、1983。
5）山本荘毅『陸水』地球科学講座8、共立出版、1969。
6）H.D.ホランド、山県登訳『大気・河川・海洋の化学』産業図書、1979。
7）光野千春他『岡山の地学』山陽新聞社、1982。
8）小林純『水の健康診断』岩波新書、1971。
9）日本粘土学会編『粘土の世界』KDDクリエイティブ、1997。
10）白水晴雄『粘土鉱物学』朝倉書店、1988。
11）北野康『化学の目で見る地球の環境―空・水・土―』裳華房、1993。
12）大森博雄『地球を丸ごと考える5 水は地球の命づな』岩波書店、1993。
13）『水の百科辞典』丸善、1997。
14）北野康『新版 水の科学』NHKブックス（729）、1998。
15）沼野忠之『岡山の鉱物』日本文教出版、1980。
16）長野浩治『岡山県の井戸水及び湧き水の水質と地質の関係』岡山大学大学院自然科学研究科　平成13年度修士論文、2002。

(7) 地下水汚染

　地下水は一般的には、水温の変化が少なく、安定しており、汚染物質は土に

ろ過されるため、水質は良好です。また土壌は負の電荷を帯びており、正の電荷を持つアンモニアイオンのような汚染物質を吸着させます（1－5（2）参照）。しかし負のイオンとなる硝酸や水に溶けやすい化学物質は地下水の流れに沿って運ばれます。地下水は飲用や農業用水などに直接使用されたり、湧水や伏流水として河川に流入するため、地下水水質は表流水と同様に十分な注意を払う必要があります。近年に至り、化学工場から化学物質が流出、漏出し、地下水の汚染が懸念されるようになりました。

　1989（平成元）年に、水質汚濁防止法が一部改正され、カドミウム等11種の化学物質についての水質基準が設定されました。その後、化学物資による環境汚染は、量的にも、質的にも拡大してゆきました。このような状況のもとで、1997（平成9）年には環境基本法に基づいて「地下水の水質汚濁に係る環境基準」が制定され、1999（平成11）年には全部で26項目の有害化学物質に対して基準値が定められるようになり、これらについて常時監視することが義務づけられることになったのです。

　岡山県では県内を5kmのメッシュに分け、各区から1か所を選び、地下水（井戸水）の概況調査として、ほぼ5年に1回のサイクルでモニタリング調査を行っています。過去の概況調査から汚染が確認された9地点については、定期モニタリング実施されています。岡山県環境白書[1]によると、2001（平成13）年度には、64地点について健康項目26項目、要監視項目22項目の化学物質が調査されています。この結果では、環境基準を超過した地下水質は定期モニタリング9地点中8地点において観測されました。その物質としては、揮発性有機化合物であるシス－1，2－ジクロロエチレン、テトラクロロエチレンの2項目、および汚染源が自然的要因であるヒ素やフッ素が観測されています。また畑のように空隙の多い土壌では、好気的な条件が保たれるために、肥料として散布された窒素が硝酸性窒素や亜硝酸性窒素として基準値を超えて検出された井戸が数か所見られました。岡山県下の地下水中には、ほとんどの有害化学物質は検出限界以下であったと報告されています。しかし、多くの井戸水は生活用水や一般飲用に利用されるので、検出限界以下であるとはいえ、低濃度の有害化学物質に長期的に被曝する可能性があり、今後とも十分な注意が必要です。

今日、『ケミカルアブストラクト』という本に登録されている化学物質は1千万種を超えるといわれており、市場に出ているものだけでも1,000種を超えるでしょう。アメリカでは300種を超える化学物質が管理の対象になっています。化学分析による有害化学物質の管理には、分析の対象になったものだけが管理対象になるので、見落とされる可能性があり、その点で管理限界があるといえるでしょう。対象とする水や土壌に有害な物質が含まれているかどうかは、バイオアッセイ（生物を用いて毒性を評価する試験法）によって検出する方法が望ましいと考えられます。有害化学物質のモニタリングには化学分析とバイオアッセイとを組み合わせて行うのが適切でしょう。

参考文献
1) 岡山県『岡山県環境白書　平成14年版』p.228、2003。

2-5　海

(1) 岡山の海

1) 概況

　国立公園に指定され風光明媚な瀬戸内海は、多くの島々が散在する複雑な地形をした閉鎖性の強い海域で、潮の流れが速い瀬戸部と緩い灘部からなっています[1]。海の中も同様に、起伏に富んだ海底地形と複雑な潮の流れが特徴で、海底は岩場や砂場、泥場と多様な姿を呈し、浅海域には干潟、藻場が発達しています。岡山県の海域は瀬戸内海のほぼ中央部に位置し、東は播磨灘に面して備讃瀬戸を経て西の備後灘に至っています。海域の面積は約800km^2、瀬戸内海総面積2.3万km^{2}の約3.4%[2]と狭く、琵琶湖の670km^{2}より少し広い程度です。海域には大小80に近い島々が散在し、瀬戸内海の中の多島域の1つを形成しています。海岸線は複雑で、島まわりを含む総延長は532.6kmにおよび、このうち189.4kmが海岸保全区域に指定されています[3]。

　岡山県東部の播磨灘と西部の備後灘は、比較的幅が広いため潮の流れは緩く、

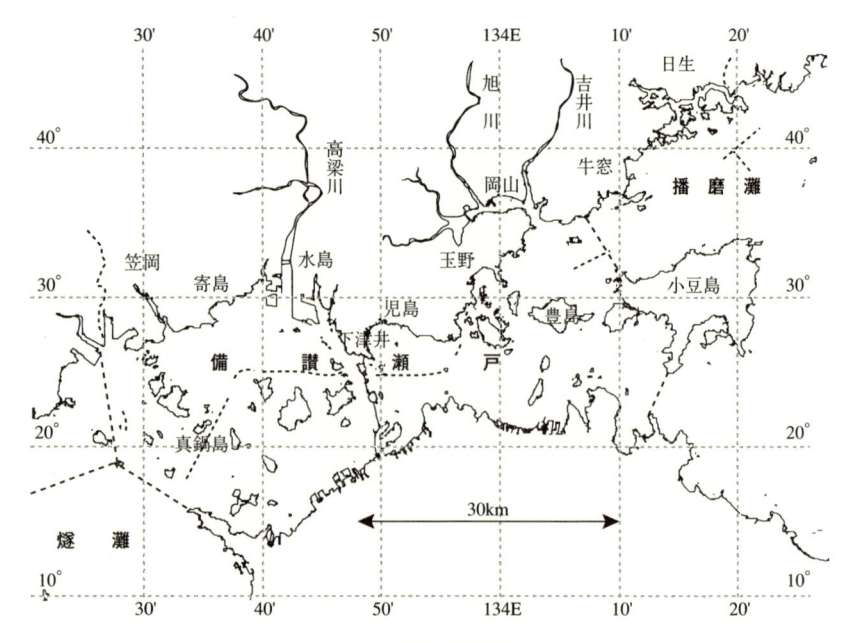

図2－28　岡山県の海域区分

水深は10～20m以浅の平坦な海底地形をしています[4]。中央部の備讃瀬戸は東西約75kmの細長い海域で、その最狭部である玉野市の出崎沖では、香川県との距離がわずかに7kmに過ぎません[3]。備讃瀬戸北側の岡山県海域は四国側に比べて水深が浅く、10m以浅の海域は全体の約50％、20m以浅の海域は約86％を占めます。一方、下津井沖など島が密集する海域には水深50m以上の深所や1m以下の浅瀬や洲が散在するなど、海底は起伏が激しく入り組んだ地形を呈し、複雑な潮流や渦流が引き起こされています。瀬戸内海は干満の差が大きく、平均潮差は東部で1～3m、西部で3～4mあり、そのために強い潮流を生じるのが特徴です[1]。下津井から笠岡にかけては瀬戸内海で最も干満差が大きい海域となっており、潮差は大潮時に3m、小潮時でも2.3mに達します[3]。紀伊水道と豊後水道からの潮汐波は、備讃瀬戸と燧灘の境界付近でぶつかり合います[1,5]。このために干潮あるいは満潮の時刻は、岡山県西部の笠岡沖では県東部の日生沖に比べて約30分遅くなります[5]。

また、岡山県の海域には、吉井川、旭川、高梁川や他の水系から多量の河川

水が流入するため、沿岸水は塩分がやや低く、豊富な栄養塩を含んでいるのが特徴です。これら豊富な栄養塩と複雑な潮流が、ノリ、カキ養殖業と多様な魚種を対象にした岡山県特有の漁船漁業を発達させてきました[6]。

2）自然環境

　岡山県海域は、水深が浅いことから気象の影響を受けるとともに、河川水の影響を受けて水質環境は季節的に大きく変化します。その特徴は以下のとおりです。参考として、岡山県水産試験場が調査してきた水質の年変化を表2－4に示します。

①水温・塩分

　岡山県海域の水温と塩分の年変化の幅は、それぞれ8～27℃、30～32psuの範囲です。岡山県海域の水温は年較差が大きく、最低水温は瀬戸内海で最も低い値となります。また、河口・沿岸部の水温は、上昇期・下降期ともに他の海域より早く変化します。また、塩分は、紀伊水道や豊後水道で見られる33～34psuの値より低めで[1]、河川水が流入する河口付近で低く、大雨の後などには10psu前後と

表2－4　岡山県海域の水温、塩分、透明度、溶存無機態窒素（DIN）、溶存無機態りん（DIP）およびクロロフィルaの月平均値の変化（1974（昭和49）～2000（平成12）年の27年間、全定点の平均値による）

月	1	2	3	4	5	6	7	8	9	10	11	12
水温(℃)	10.2	8.4	8.8	12.2	16.1	19.6	23.0	26.4	26.8	23.5	19.0	14.3
塩分(psu)	32.1	32.3	32.1	31.5	31.2	31.1	29.9	30.6	30.7	30.7	31.0	31.5
透明度(m)	4.0	4.3	4.2	4.1	4.1	3.8	3.4	3.9	3.1	2.8	3.4	3.6
DIN(mg/l)	0.097	0.059	0.047	0.046	0.050	0.052	0.084	0.050	0.067	0.155	0.151	0.146
DIP(mg/l)	0.015	0.009	0.007	0.004	0.004	0.005	0.009	0.009	0.014	0.022	0.020	0.020
クロロフィルa(μg/l)	2.76	3.32	2.77	2.59	3.17	4.15	5.20	4.86	5.11	4.06	3.36	2.42

注：psu：塩分は現在ほとんどが電気伝導度により測定しており、実用塩分（psu）という無単位で表記している。従来の海水1kg中の塩分のグラムで表してきた千分率‰との整合性からpsuと‰で表した値はほぼ等しい。

出所：岡山県水産試験場、浅海定線調査資料、1974～2000。

極端に低くなることがあります。内湾部では、春から夏にかけて水温は表層で高く、中・底層で低くなるとともに、塩分は表層が低く、中・底層で高くなります。このことから、表層と底層の海水の密度に差が生じ、上下の海水が混り合いにくい成層構造を形成します。岡山県海域は、沖合の潮流の速い場所では成層構造が形成されにくいものの河川の影響を受ける河口域、沿岸部および内湾部では成層構造が形成されます。一方、秋から冬の間は表層と底層の水温、塩分はほぼ一様となり、成層構造が崩れて海水の撹拌混合が起こります。

②透明度

透明度は直径30cmの白色円板を水中に沈めて、円板が見えなくなるまでの深さで表します。この測定法は簡単で観測データが古くからあり、水質をよく反映するといわれています。岡山県海域の透明度は、外海に比べて極めて低く、ほとんどが5m以下です。水深の浅い沿岸部は、海底に沈降した濁り物質が波浪によって再懸濁することから、透明度は、沖合と比べて低くなっています。また、河口付近でも河川水からの濁りによって低い値となります。透明度はプ

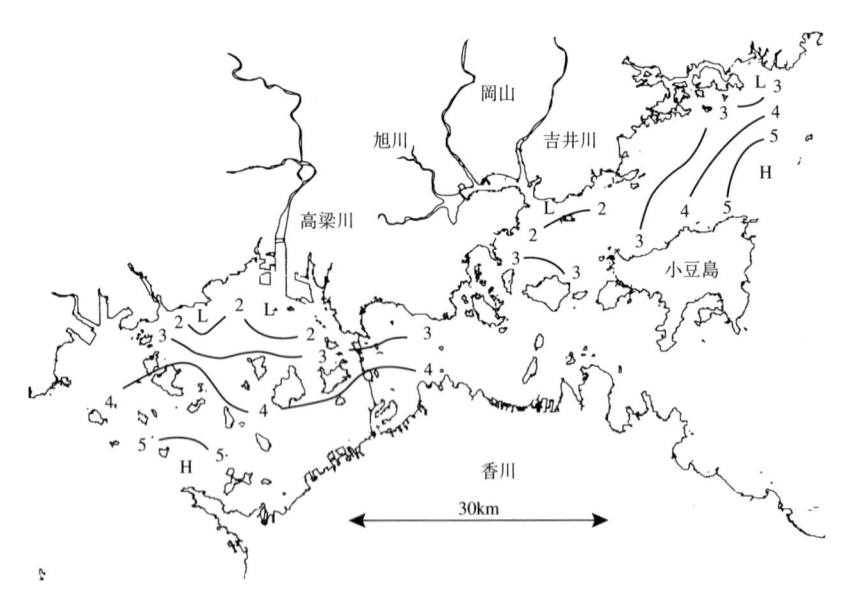

図2-29　岡山県海域の透明度（単位m）の分布（9月平均値）
出所：岡山県水産試験場、浅海定線調査資料、1972～2000。

ランクトンの増殖によっても低下します。透明度が低下すると太陽光が水深の深い所まで届かず、海藻が繁茂しにくい状態になります。図2－29に岡山県海域の透明度の分布を示します。

③栄養塩

　海水中には、窒素やリンが様々な形の化合物として溶けており、そのうちの溶存態無機窒素（DIN）と溶存態無機リン（DIP）等を栄養塩と呼びます。栄養塩は主として河川から供給され、その濃度は河口域で高い分布を示します。河川からの流入量が多い岡山県沿岸域の栄養塩は、DINが0.046～0.155mg/ℓ、DIPが0.004～0.022mg/ℓの範囲で、外海に比べて高いのが特徴です。また、この栄養塩は、有機物の分解によって海底の泥などからも海水中に溶出して増加します。一方、海の中では、栄養塩は植物プランクトンに取り込まれて減少します。植物プランクトンはこれらの栄養塩を利用して増殖するため、栄養塩が多すぎると大増殖して、赤潮を発生させる原因となります。

④クロロフィルa

　植物プランクトンの細胞中に含まれる光合成色素（葉緑素）のクロロフィルaは、光合成の直接の担い手であり一般に植物プランクトン量や一次生産（植物プランクトンが光合成によって、海水中の炭酸や窒素、りんなどを有機物に変換すること。食物連鎖の出発点となる。）の目安として使われます。クロロフィルa量は、瀬戸内海の中でも播磨灘北西部や備讃瀬戸の岡山県沿岸部で高く、生産力が高い海域として知られています。季節的には夏季に高く、冬季に低い傾向があります。

⑤干潟・藻場

　備讃瀬戸周辺の沿岸域は、かつては白砂青松といわれる美しい海浜が形成されており、潮の干満差が大きい遠浅の海岸には干潟やアマモ場が発達していました。しかし、最近は埋立や護岸整備などによって人工海岸が増えています。岡山県沿岸域には前浜タイプの比較的規模の小さな干潟が多く、そのほかにも吉井川や高梁川の河口域に河口干潟が分布しており、1995（平成7）年の岡山県水産試験場の調査[7]では455haとなってます。それらの多くは泥干潟ですが、一部砂泥で形成されている干潟もあります。干潟には、アサリやマテガイ、オ

オノガイなどが生息していて、春の大潮の干潮時には多くの人たちが貝掘りを楽しんでいます。また、干潟には貝類以外にもシオマネキやアナジャコ、ゴカイなど多くの生物が生息し、高い収容力を有しています。

干潟より少し沖合の砂泥底にはアマモが繁茂し、メバルやクロダイをはじめ、多くの稚魚やエビ、カニ類が生活しています。大正時代には岡山県海域に約4,300haのアマモ場が存在し、沿岸、島しょ部全域に分布していて、船の航行に邪魔になると刈り取られたこともありましたが[8]、1995（平成7）年の調査[7]では575haと当時の13.4％にまで大幅に減少しています。これは、浅瀬の埋立に加えて、都市化の進行等による水質・底質環境の悪化が主な要因であるといわれています。現在、アマモ場は岡山県の沿岸各地に局所的に分布していますが、その中でも最も広大なアマモ場が倉敷市の味野湾に残っています[9]。

ガラモ場は、玉野市周辺から岡山水道にかけての海域と、牛窓町地先の前島や笠岡市沖合の島しょ部に約300ha分布しています。ガラモ場は、一般にホンダワラ等の褐藻植物からなる藻場で、主に岩礁域に分布し、アマモ場同様に多くの幼稚魚が生活しています。

干潟や藻場は、多くの生物たちの生息場として重要であるだけでなく、水質浄化機能を持ち、環境の保全に重要な働きをしています[10]。干潟ではアサリなどのマクロベントス（大型底生生物）群集が海水をろ過して懸濁物を除去し、干出時に大気と接触することによる酸化作用によって水質を浄化しています。また、アマモやガラモなどの海草藻類は光合成作用によって酸素を発生するとともに海水中の窒素やリンを吸収して、海水の富栄養化を抑制しています。

3）生物環境と漁業

今まで述べてきた多様な自然環境と高い生産力を反映して、瀬戸内海には多種類の生物が生息し、約800種類の植物と約3,400種類の動物、合計4,200種類余りの生物が出現することが報告されています[1,5]。そのうち魚類は600種類あまりで、約100種類が漁獲の対象にされて食卓に上っています[1]。エビやカニなどの甲殻類、タコや貝などの軟体類を含めると水産上重要な生物の種類はさらに多くなります。

沿岸域の浅瀬や島しょ部周辺は、トラフグ、サワラ、マナガツオなど広域回

表2－5　2001（平成13）年における岡山県の漁業生産

	生産量（トン）	生産額（億円）	単位面積当たり生産	
			生産量（トン/km²）	生産額（万円/km²）
漁船漁業	7,239	37.5	9.05	468.8
ノリ養殖	13,835	45.4	17.29	567.5
カキ養殖	19,967	37.7	24.96	471.2
その他	1,354	4.8	1.69	60.0
総　計	42,395	125.4	52.99	1,567.5

出所：中国四国農政局統計情報部編集、岡山県漁業の動き、2003。

遊魚の産卵場所として利用され、アマモ場はタイ類、スズキ、メバル、ガザミなどの幼稚仔の保育場として重要な機能を有しています[11〜13]。また、岩礁域はガラモ場に富み、クロダイ、メバル、カサゴ、ウミタナゴ、キジハタなどが生息し[14,15]、沖合の砂泥底域はカレイやウシノシタ類の生息場[16]として、砂場はイカナゴの産卵場や生息場として重要な位置を占めています[17]。岡山県の沿岸域は漁場としての重要な役割を担うとともに、魚介類の産卵場、保育場として極めて重要な役割を果たしています。

また、岡山県の海域は、河川からの豊富な栄養塩の供給により、非常に高い生産力を有しています。2001（平成13）年の岡山県の漁業生産を表2－5に示します。

岡山県の漁業は、主に漁船漁業、カキ養殖業、ノリ養殖業からなり、春から秋にかけての漁船漁業と冬季のノリ、カキ養殖業の複合経営が多く行われています。2001（平成13）年の漁業生産量は4万2,395トン、生産額は約125億4,000万円であり、単位海域面積当たりの生産量は52.99トン/km²、生産額では1,568万円/km²となっています。この値は全国のトップクラスで[5]、特に高級魚が多いのが特徴でもあります。また、複雑な地形や多くの魚種を反映して、漁船漁業は、小型底曳網を中心に小型定置網、敷網、刺網など、時期や場所等に応じて多種多様であることも特徴です。

しかし一方では、岡山県を初めとする瀬戸内海沿岸の浅海域は、干拓や埋め立てが進んで、干潟や藻場、自然海岸が減少するとともに、都市化の進行による海域への流入汚濁負荷量の増加が顕著になり、赤潮の発生も見られています。

このため、岡山県では「瀬戸内海の環境の保全に関する岡山県計画」を2002（平成14）年度に策定し、従来から実施してきたCOD（化学的酸素要求量）や全窒素および全リンの濃度規制に加えて総量の規制を進め、水質の保全に努めています。また、近年では、海浜の清掃や洗剤の適正な使用等、住民自らによる環境美化運動が積極的に取り組まれるようになるなどして、瀬戸内海の環境改善に関する住民意識が高まりつつあります[2]。

(2) 海の環境の変化
1）海域環境の変化

　東京湾や伊勢湾とともに閉鎖性の強い瀬戸内海では、高度成長に伴って沿岸開発や富栄養化など様々な問題が生じています。ここでは岡山県海域を中心とした水質の変化や赤潮の発生など、海域環境の変化、特に有機汚濁について述べてみます。有機汚濁は窒素、リンなどの栄養物質に起因し、重金属や有害化学物質汚染と異なり、その量が多くなって初めて水質の悪化を引き起こします。しかし、少な過ぎると海の一次生産が維持できなくなるという性格のものです。重金属や有害化学物質などの汚染については、陸から海への流入を阻止する必要があります。

①水温

　岡山県海域の冬季の最低水温を図2-30に示します。最低水温は、過去27年間に約1.6℃上昇したことになります。また、年平均水温では、播磨灘北西部で0.6℃、備讃瀬戸で0.7℃上昇しています[18]。近年の水温上昇は、広島県海域や琵琶湖底層水についても報告されています。この水温上昇は、気温の上昇と関係があることが認められていますが[18]、昨今問題となっている世界規模での地球温暖化の影響によるものかどうかについては、さらに今後詳細な調査が必要です。

②透明度

　1920（大正9）年から近年まで継続して観測されてきた笠岡市真鍋島付近の透明度の推移を図2-31に示します。透明度は、1960（昭和35）年頃までは7m前後の高い値でしたが、高度経済成長期を迎えた頃から水質汚濁が進行し、1970（昭和45）年頃に急速に低下しました。1975（昭和50）～1979（昭和54）

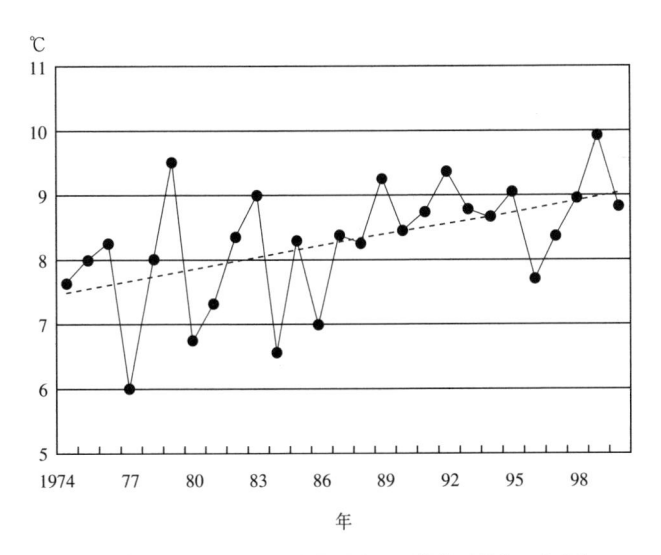

図2−30　岡山県海域の年最低水温の推移（過去27年間）
出所：藤沢他、備讃瀬戸及び播磨灘における水温経年変化について、岡山県水産試験場報告、2002。

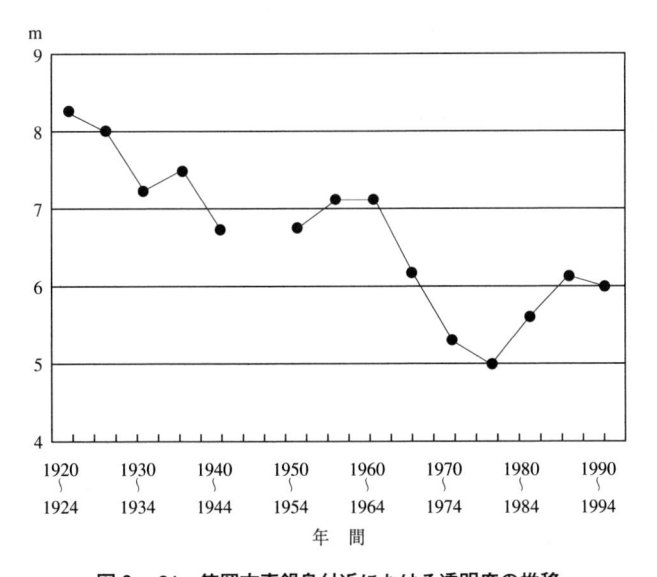

図2−31　笠岡市真鍋島付近における透明度の推移
出所：岡山県水産試験場、岡山県水産試験場資料、1920〜2000。

表2-6 備讃瀬戸海域におけるCOD、DINおよびDIPの推移

年	1972	1974	1978	1980	1990	2000
COD (mg/l)	1.8	0.8	1.0	0.9	1.9	2.2
DIN (mg/l)	0.093	0.170	0.082	0.074	0.070	0.045
DIP (mg/l)	0.013	0.018	0.010	0.008	0.010	0.007

出所：環境省水環境部、『瀬戸内海の環境保全』、瀬戸内海環境保全協会、1981～2002から引用。

年に最低の値を示しましたが、その後は水質汚濁防止に関する法規制が進んだことなどから、わずかながら上昇傾向が見られています[19]。

③水質

備讃瀬戸における水質の推移を表2-6に示します。CODは、1972（昭和47）年に1.8mg/ℓで、その後、1mg/ℓ以下となりましたが、1990（平成2）年以降、再び高くなっています。DIN、DIPは、1974（昭和49）年にそれぞれ0.170mg/ℓ、0.018mg/ℓと最高値となっており、その後DINで0.045～0.082mg/ℓ、DIPで0.007～0.010mg/ℓの範囲で推移しています。いずれも減少傾向を示し、全般的に水質は改善されたようですが、海域によってはさほど変わらないところも見られます。この調査結果の詳細については、環境省の資料を参照してください[20]。

④赤潮

瀬戸内海の赤潮は1974（昭和49）年～1976（昭和51）年に年間255～299件と多く発生していました。当時、播磨灘や備讃瀬戸において魚類を窒息死させるラァフィド藻の一種であるシャットネラ赤潮が多発し、ハマチ養殖に大きな被害を与えていました。その後、1987（昭和62）年以降では発生件数は90～135件に減少しています。一方、近年瀬戸内海では、南方系の渦鞭毛藻であると考えられ、特に二枚貝を殺しやすいヘテロカプサ赤潮が発生し、広島県などで養殖カキに甚大な被害を与えています[21]。岡山県東部海域でも2003（平成15）年末に本種が検出されており、今後、岡山県海域でも被害の発生が懸念されています。

⑤干拓

岡山県の干拓の歴史は古く、16世紀後半に始まったといわれており、1963（昭和38）年までに約2万haが埋め立てられました[22]。その後、約2,300ha[20]が埋め立てられるなどして、自然海岸は1993（平成5）年には岡山県全体の海岸

線の47.2％に減少しています。また、埋め立てられた浅海域は貴重な干潟や藻場であったところが多く、大正時代後半にはアマモ場が約4,300haの面積を占めていましたが、そのうち1977（昭和52）年までに1,705haの面積が干拓によって消滅しました[23]。

⑥海砂利採取

　瀬戸内海の海砂利は、コンクリート骨材に適した粒径であることから、岡山県では1968（昭和43）年から備讃瀬戸海域を中心に採取が始まられました。しかし、海砂利を採取することによる海域環境や水生生物への影響が危惧されたことから、岡山県は1999（平成11）～2000（平成12）年に環境影響調査を行いました。採取海域の海底は、採取を止めて5年経過した後も、粘土層の露出や底質の礫化、泥化などが見られ、砂質域の回復兆候は見られませんでした。また、採取海域は、底生生物や幼稚魚の生息数が少なく、多様性が乏しい生物相になっており、砂分の消失とそれに伴う海底地形や底質環境の変化が、底生生物やイカナゴを始めとした魚類生態系に悪影響を及ぼしていることが認められました[17]。この影響調査結果を踏まえて、岡山県は2003（平成15）年度以降の採取を全面禁止することを決めました。

⑦油汚染

　1974（昭和49）年に水島で重油の流出事故が起き、甚大な漁業被害が発生しました。製油所からC重油7,500～9,500kℓが海上に流出し、東向きの恒流（平均的な流れ）と折からの北西風にのって備讃瀬戸、播磨灘さらに紀伊水道まで達しました（1－4（3）参照）。流出した重油は沿岸各地に漂着し、最盛期の養殖ノリの網に付着するなどして大きな漁業被害を与えました[34]。このような大規模な油流出事故を除いても、局所的には油汚染は毎年発生しており、2000（平成12）年には60件を数えます[20]。

2）海洋生物環境の変化

　瀬戸内海における水質などの物理・化学的環境の変化は、海洋生物にも様々な影響を与えています。

　冬季の海水温が上昇傾向にあることは前述したとおりですが、このことは、近年、各地で小型底曳網漁業などに被害を与えているクラゲの大発生に関連し

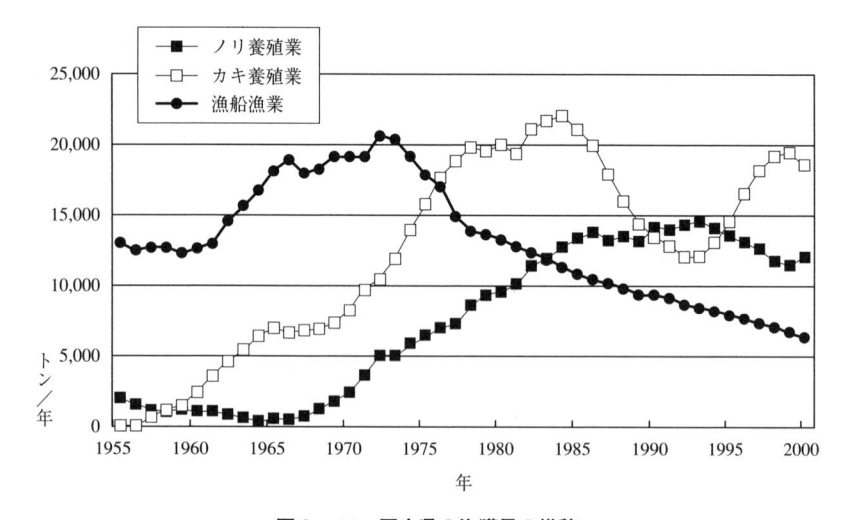

図 2−32　岡山県の漁獲量の推移
出所：中国四国農政局統計情報部編集、岡山県漁業の動き

ています。この大発生は、海水の富栄養化の進行とともに、年間で最も水温が低い冬季の海水温が上昇して、クラゲの越冬が可能となったことによるものと考えられています[5]。また、岡山県海域では、かつては見られなかった暖海性のタイワンガザミやメガネガザミなどが底曳網に度々かかったり、外航船に付着して分布を広げたミドリイガイが在来のムラサキイガイを駆逐して繁殖しており、これらも主に海水温の上昇によるものと考えられています。

このような海域環境の変化は、漁獲量の変化にも反映されています。岡山県の漁業種類別の漁獲量の推移[25]を図 2−32 に示します。1970（昭和45）年頃の漁船漁業の漁獲量は 2 万トン前後で推移し、岡山県漁業の主体となっていました。しかしその後、漁船漁業の漁獲量は漸減し、ノリとカキ養殖業の生産量が増加しました。1965（昭和40）年代を境に、漁業の主体がノリとカキの養殖業に移行したことが分かります。

図 2−33 に岡山県における漁船漁業の代表的な魚類についての漁獲量の経年変化を示します[25]。近年における漁獲量減少の要因は、全国的には資源の回復力を越えた漁獲（獲り過ぎ）と水域環境の悪化といわれています[26]。獲り過ぎは漁船の漁獲能力の向上、若齢魚の漁獲、遊漁などによるもので、水域環境の

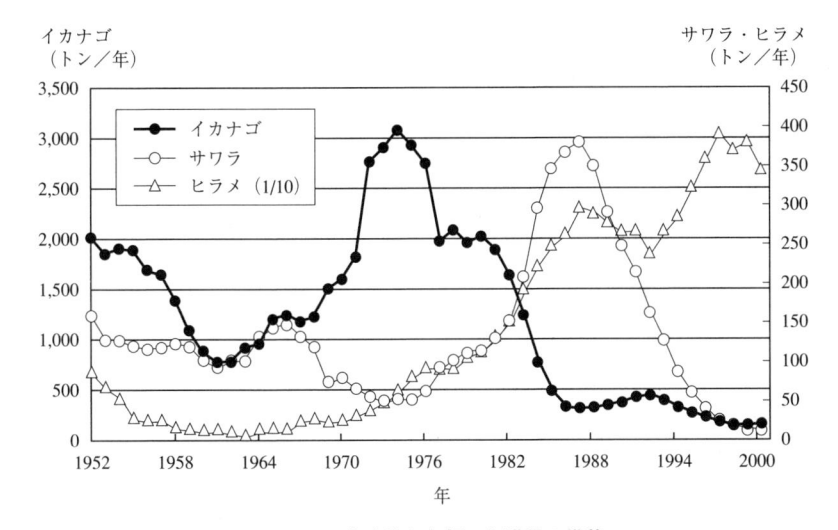

図2−33 代表的な魚類の漁獲量の推移
出所：中国四国農政局統計情報部編集、岡山県漁業の動き

悪化は、水質の悪化、藻場、干潟の減少などによるものといわれています。特に、岡山県を含めた瀬戸内海における漁業資源量の減少は、1965（昭和40）年前後に始まる高度経済成長との関係が指摘され、水質環境の悪化とともに魚介類の幼稚仔の主要な生育場である干潟や藻場の埋め立てによる消失の影響が大きいと考えられています。多くの魚介類は総漁獲量とほぼ同様に減少傾向を示していますが、中でもイカナゴ、サワラ、メバル、マコガレイ、貝類などの減少が目立っています。1975（昭和50）年以前に主要な漁獲対象種であったイカナゴは、1980（昭和55）年頃までは年間1,000～3,000トンの範囲の漁獲量を示していましたが、1981（昭和56）年以降急激に減少し、2000（平成12）年には150トン前後の漁獲量になっています。海砂利の採取がイカナゴの産卵場と夏眠場（イカナゴは高水温期の6～12月に砂に潜って夏眠をする）を消失させたことが主要因であると考えられています[29]。さらに、イカナゴの幼稚仔はサワラなど重要な魚類のエサとなっているため、それらの資源の減少に拍車をかけています。一方、ヒラメのように漁獲量が増加している魚種も見られます。ヒラメは1965（昭和40）年頃の年間数トンから2000（平成12）年の40トン前後へと増加し、種苗放流や稚魚の保護などの効果が大きいと考えられています。

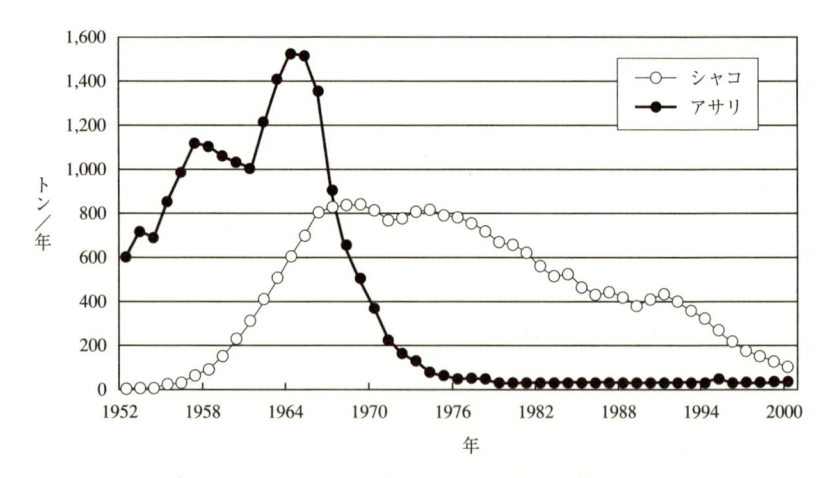

図2－34　代表的な介類の漁獲量の推移
出所：中国四国農政局統計情報部編集、岡山県漁業の動き

　また、魚類のほかに、甲殻類や貝類などの漁獲量も変化しており、代表的なシャコとアサリの漁獲量の推移を図2－34に示します。シャコは、1955（昭和30）年以前は、あまり利用されておらず漁獲量はわずかでしたが、食生活の変化によって1960（昭和35）年頃から食料としての利用価値が向上した結果、漁獲量が増加し、1968（昭和43）年にピークとなりました。しかし、その後は資源の減少によって漁獲量は減少して現在に至っています。この例でも分かるように、漁船漁業の漁獲物組成は、天然の魚介類組成を反映するのではなく、生息量が多い特定の魚種に集中した漁獲が行われるなどして変化しています。現状の漁獲量は、漁獲方法に工夫を加えながら漁獲対象を変えていくことで、かろうじて維持されているに過ぎないということができます。
　また、アサリは、1965（昭和40）年頃まで増加し、ピーク時には1,500 t 余りの漁獲量がありました。しかし、10年後の1975（昭和50年）には63 t（ピーク時の約4％）まで急減し、現在に至っています。この主な減少要因は、アサリの生息場である干潟の消失や富栄養化による泥底質の劣化などと考えられています。アサリは環境変化のバロメーターであるといわれており、この減少は、海域の環境悪化を如実に示す現象といえるでしょう。

(3) 海域環境回復への取り組み

　瀬戸内海、特に岡山県の海は、産業の発展や人々が求める快適な生活との引き換えに多くの自然環境が犠牲となった、"傷（いた）めつけられてきた海"であるということができます。しかし、現在でも約2,300人の漁業者が海からその生活の糧を得るとともに、私たちに季節感あふれる水産物や憩いの場を提供しているなど、数え切れないほどの恩恵を与えてくれており、この海が持つ測り知れない包容力、つまり、海が自ら健全であろうとする力には驚きを超えて感動すら覚えます。

　これまで述べてきた様々な環境変化を受けて、今後はこれまでに傷つけられてきた岡山県の海を1つずつもと通りに修復していくことが必要です。

　岡山県は、2001（平成13）年5月に、10年先を目標とした水産施策の指針となる「岡山県水産振興プラン」を策定しました[2]。このプランでは、「豊かな海の恵みで地域を支える漁業・県民の豊かな食を支える漁業の確立」を目標としており、漁業という産業が河川・湖沼・海における自然の生産力に依存すると同時に、漁業の存続が自然環境を保全してきたともいえることから、健全な水産業の維持・発展には、これを支える海域環境が健全であることが不可欠であると考えました。このため、「海域環境の修復・創造」という施策を最重点課題に位置付けて、関係者一人ひとりがその達成に向けて様々な対策に取り組んでいくこととしています。海域環境の修復とは、海域が本来持っている浄化力（環境悪化に対する治癒力）を向上させるためのきっかけ作り、あるいは手助けにほかなりません。その第1歩として、生物生産を支える場であり、また、海の水質を浄化する場として極めて重要な浅海域の環境修復に取り組みます。このために、まず浅海域において重要な役割を担っている干潟・藻場の再生に努めるとともに、河川水が流入する海の玄関口である河口部を中心とした海域環境の現状把握とその回復のための対策を明らかにします。さらに、海砂利採取跡地周辺の環境修復に向けた検討を進めていきます。以下にその概要を説明します。

　水際線の周辺域には、二枚貝やエビ・カニ類などが豊富に生息する干潟を造成するとともに、この沖合の砂泥底には、アマモ場の再生を図ります。これに

は、これまでに行ってきた干潟・藻場の「維持・保全」（今あるものを守る）という消極的な取り組みを一歩進めて、これからは、「修復・創造」という、さらに積極的な姿勢で取り組むこととしています。また、干潟やアマモ場に連続する水深の深い場所には、海藻の付着基質を設置してガラモ場を造成するとともに、魚のエサとなるエビ・カニ類やゴカイなどの培養に優れた人工構造物を設置するなどして、水深に応じた環境整備を実施し、海域環境と水産資源の回復を図ります。

　河口部を中心とした浅海域の環境修復に当たっては、海域が有する生態系の特性を十分に明らかにし、これまでの環境悪化の要因分析などの現状把握と改善策を講じた場合の影響と効果の予測・評価が必要です。このためには、これまでの物理的（潮流、水温、塩分の分布等）なシミュレーションから、栄養塩や動植物プランクトン、魚介類の卵稚仔等の分布や挙動を明らかにする生態系シミュレーションの開発が急務です。生態系シミュレーションは、東京湾[27]や三河湾[28]など一部の海域をモデルとして開発されているものの、本県海域においては未開発であるため、今後、食物連鎖による一連の生態系のモデル化を図り、現場との比較検討を繰り返し進めて精度を高め、実用規模で運用できるよう取り組んでゆきます。

　一方、これまで長年にわたる海砂利採取が海域環境および生態系に与えた影響は、本県海域にとどまらず瀬戸内海全域に及ぶ問題であることから、今後、海砂利採取跡や周辺海域において長期的なモニタリング調査を実施するとともに、海域環境や生態系の回復に向け、幅広い研究分野の専門家による学際的な協力のもとに検討を進めていくこととしています。

　これらの取り組みをより広域的かつ効果的に進めるには、岡山県など閉鎖性海域を有する地域の研究者や行政、住民等が相互に情報交換を図りつつ、連携して必要な施策に取り組んでいくことが重要です。現在、環境省では、わが国の干潟・藻場の現状等海域環境に関する情報のみならず、世界規模での海洋汚染の現況や対策などの情報をデータベース化し、インターネットで公開するシステムを構築しているところであり、これらがその取り組みの第一歩になると考えられます。

近年、海域環境の保全に対する住民意識の高まりにつれ、海浜に打ち寄せられたゴミの一部は、地域住民などのボランティア活動によって清掃されていますが、依然としてゴミはなくならないのが現状です。ある調査では、小型底曳網で回収されるゴミの大半が日常生活で排出されたゴミであるとの報告[29]もあるため、住民の立場からは、これまでの海浜清掃活動の継続に加えて、ゴミを川や海などに一切捨てないという身近なことから手がけていくことが大切です。さらに、近年、下水道の整備や合併浄化槽の普及等により、流域からの汚濁負荷は軽減されつつあるものの、窒素・リンなどは場所によっては高い水準であることから、調理くずや廃食用油等の適正な処理、洗剤の適正な使用等を実践することも海域環境修復のための重要な取り組みとなります。

私たちの子や孫の世代に貴重な岡山県の海を引き継いでゆくためには、まず私たちが岡山県の海の現状を知り、その大切さを学ぶことが重要であり、海で生活している漁業者や住民、行政が意識を一つにして、それぞれの役割に応じてできることから手をつけていくことが大切です。

(4) 岡山県沿岸における自然災害—津波、高潮

一般に瀬戸内海は穏やかな海として知られており、国立公園として多くの観光客が訪れていますが、この海も時と場所によっては荒れ狂う状態となり、人命の損失をもたらすような恐ろしい自然災害の発生域になることを忘れてはなりません。特に海岸沿いに大きな被害をもたらす災害としては、地震に伴う津波と台風に伴う高潮が挙げられますが、以下にその具体的な説明をします。

1) 津波

津波は、海底に生じた大地震によって発生した大波が海岸に打ち寄せて、波高が増幅されて陸上に這い上がってくる現象で、波の特性と陸岸の形状によって這い上がりの高さが変わり、海面が数mから数10mも高まって沿岸を襲うことがあり、短時間の間に甚大な生命、財産の被害をもたらします。

瀬戸内海での津波としては、太平洋で発生した津波が紀伊水道か豊後水道を通って入って来るものが考えられます。東側の紀伊水道からの津波は、狭い明石海峡と鳴門海峡を通過する際にエネルギーを奪われるために、最近の大津波

の記録を見ると、紀伊水道沿いや大阪湾岸では激甚な被害を受けていても瀬戸内海の中ではほとんど被害が記されていません。

ただ、安政元（1854）年に紀伊半島沖で起こったマグニチュード8.4の安政南海地震では、瀬戸内海にも津波が入っているような絵図があり、また地方史にも赤穂の塩田や日生近くの沿岸で局地的な被害が発生した記録があります。

この地震で限られた海岸で津波の影響があったと思われますが、他の長い海岸沿いの被害記録がほとんどないので、本当に広域にわたる津波の被害があったかどうか確かではありません。

西側の豊後水道からの津波の侵入については、宮崎沖で発生した津波が内海に伝播してきて山口県南岸の徳山付近に軽い被害をもたらした記録があります。

今までは瀬戸内海中央部では顕著な津波被害はめったにないと思われていました。最新の政府中央防災会議の発表では、瀬戸内海にも2～3mの津波の襲来の恐れが指摘されており、今後の記録調査や津波シミュレーションなどを併せて危険度の推定やハード・ソフトの対策の検討が必要です。

2）高潮

津波は外洋で発生した波が伝播してくる現象ですが、高潮はその水域の中で起こる現象なので、ある程度の広がりをもった海域ではその発生を避けることはできません。ただ、古文書では津波と高潮を同じような意味に使っていることがあるので、混同を避ける注意が必要です。

海面の昇降では、普通に潮汐といわれている月と太陽の引力に基づく「天文潮」と気圧や風によって引き起こされる「気象潮」が重なって生じますが、平常は気象潮は天文潮に比べてずっと小さいので、天文潮のみを考慮して海面の昇降を推算した結果が潮汐表として発表されています。

しかし台風のような異常な気象条件のもとでは、気象潮が大きくなり、これと天文潮と重なって異常に高い海面上昇が起こるとき、これを高潮といいます。

台風（一般的には低気圧）の接近によって海面が上昇する物理的な過程としては、①気圧低下による水面の吸い上げ　②風による吹き寄せ　③砕波帯内での水位上昇が挙げられます。

これらの項目の中で、風による吹き寄せは、風が水面上を吹き渡ってくる距

対岸（風上側）

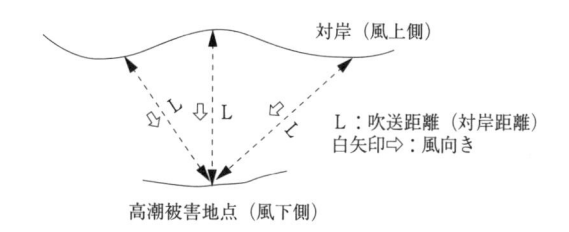

L：吹送距離（対岸距離）
白矢印⇨：風向き

高潮被害地点（風下側）

図 2 − 35　風向による吹送距離の変化

離（吹送距離といわれる）に比例し、図 2 − 35 に示すように同一地点でも風向きによって対岸距離すなわち吹送距離が変わってくるので、高潮の予想には風向きの想定が必要です。

　上記の各項目の影響はいずれも比較的簡単な物理公式で計算できますが、実際には湾曲した海岸に台風が移動接近して来るので、高潮の時間的変化をコンピューターを使って数値的に追跡してその最高水位を予測する必要があります。

　特に児島湾に吉井川、旭川が流入しているような水域では、台風に伴う海側の高潮のピークと陸域の豪雨による洪水波の流下してくるピークが同時に湾内に到達して、異常な高水位を起こす危険性も考慮しておかねばなりません。

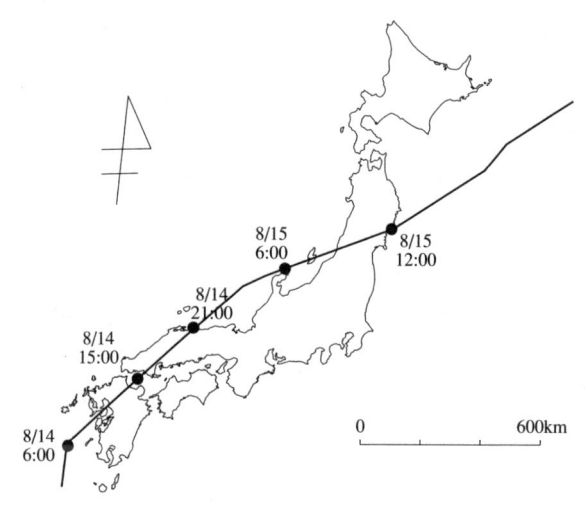

図 2 − 36　1996（平成 8 ）年台風12号岡山接近前後の進行経路（このときの潮位、気圧、風の変化については図 2 − 37参照）
　　　出所：岡山気象台の資料。

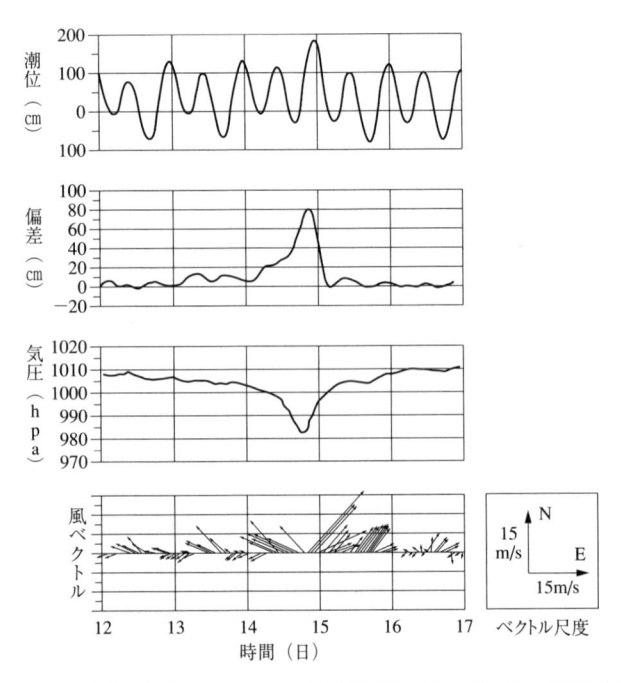

図2−37　1996（平成8）年8月12日〜16日の宇野港における潮位、偏差（潮位−天文潮位＝気象潮による海面上昇高と岡山における気圧、風の変化

参考資料として1996（平成8）年、台風12号が岡山に接近したときの宇野港における観測例を図2−37に示しますが、気圧の最低時に気象潮（偏差）が最大になっていることが認められます。

なお、岡山県沿岸での過去の激甚な高潮被害例[30]としては、1884（明治17）年8月に台風が来襲して、折からの満潮と重なって現在の水島、玉島付近の海岸沿いに死者・行方不明者655人、家屋の流壊2,217戸、田畑の荒廃1,427町歩の被害をもたらしたことがあります。また、1934（昭和9）年の室戸台風では、高潮が各河口付近で大洪水の流下と重なって大被害をもたらし、また1954（昭和29）年9月の洞爺丸台風は岡山県沿岸一帯を襲って、死者13人、負傷者74人、家屋の全半流壊約1,000戸、船の損壊約1,600隻という被害をもたらしています。最近の研究によれば、備讃瀬戸の東に連なる播磨灘では、台風通過時に起こる灘に固有の副振動のために、備讃瀬戸の東部水域（宇野、高松など）で

は台風の最接近時より 2 時間も遅れて最大の潮位のピークが出現することがあり、海岸防災上特別な注意が必要です[31]。

参考文献

1) 岡市友利、小森星児、中西弘『瀬戸内海の生物資源と環境』恒星社厚生閣、p.272、1996。
2) 『岡山県水産振興プラン』岡山県、2001。
3) 『沿岸漁場総合整備開発基礎調査報告書』岡山県、1989。
4) 日本海洋学会沿岸海洋研究部会『日本全国沿岸海洋誌』東海大学出版会、1992。
5) 柳哲雄『瀬戸内海の自然と環境』瀬戸内海環境保全協会、p.244、1996。
6) 西川太『岡山の漁業』岡山文庫、1970。
7) 『岡山県藻場調査』岡山県、1995。
8) 内海区水産研究所資源部『瀬戸内水域における藻場の現状』内海区水産研究所刊行物 C、No.5、1967。
9) 倉敷市大畠地先アマモ場環境調査委員会『味野湾におけるアマモの現存量』倉敷市大畠地先アマモ場環境調査学術報告書、1994。
10) 西条八束『内湾の自然誌 三河湾の再生をめざして』あるむ、p.76、2002。
11) 布施慎一郎『アマモ場における動物群集』生理生態11巻 1 号、pp.1-22、1962。
12) 畑中正吉、飯塚景記『モ場の魚の群集生態学的研究—II』日本水産学、会誌28巻、pp.155-161、1962。
13) 福田富男、安家重材『天然モ場におけるアマモの分布と消長』岡山県水産試験場事業報告書、昭和54年度、pp.147-152、岡山県水産試験場、1980。
14) 布施慎一郎『ガラモ場における動物群集』生理生態11巻 1 号、pp.23-43、1962。
15) 福田富男、篠原基之、安家重材、寺島朴『幼稚魚育成場としての網魚礁の効果』岡山県水産試験場事業報告書、昭和48年度、pp.81-113、岡山県水産試験場、1974。
16) 松村眞作『岡山県下 2 水域における小型底曳網標本船の漁獲状況』岡山県水産試験場事業報告書、昭和49年度、pp.65-78、岡山県水産試験場、1975。
17) 『岡山県海砂利採取環境影響調査報告書』岡山県、2000。
18) 藤澤邦康、小橋啓介、林浩志『備讃瀬戸及び播磨灘における水温経年変化について(1974年度〜1999年度)』岡山県水産試験場報告第17号、印刷中。
19) 藤澤邦康『備讃瀬戸周辺水域の漁場環境の変遷』関西水圏環境研究機構第11回公開シンポジウム講演要旨集、1998。
20) 環境省水環境部『瀬戸内海の環境保全』瀬戸内海環境保全協会、2002。

21）『平成13年度瀬戸内海の赤潮』水産庁瀬戸内海漁業調整事務所、2002。
22）進昌三、吉岡三平『岡山の干拓』、岡山文庫60、日本文教出版株式会社、1982。
23）片山勝介、篠原基之、石田公行、野上安久、小野秀次郎、土屋豊、鎌木　昭久『岡山県沿岸海域の藻場調査─藻場の分布について─、沿岸海域藻場調査瀬戸内海関係海域藻場分布調査報告─藻場の分布─』岡山県、1979。
24）水島重油流出事故漁業影響調査推進協議会『水島重油流出事故漁業影響調査、昭和49年度調査報告書』1985。
25）『岡山県漁業の動き』中国四国農政局統計情報部、1952～2000。
26）『図説漁業白書　平成13年度』農林統計協会東京、2002。
27）田中昌宏『内湾の生態系シミュレーション』ながれ20、2001。
28）青山裕晃、今尾和正、鈴木輝明『干潟域の水質浄化機能～一色干潟を例にして～』月刊海洋Vol.28、No.2、1996。
29）（財）水島地域環境再生財団『海底ゴミの実態把握調査を通じた市民意識の啓発に関する活動中間報告』、2002。
30）蓬郷巌著『岡山の災害』岡山文庫142、1989。
31）小西達男『播磨灘の高潮とそれに付随して生じる副振動について』海洋気象学会誌海と空、77巻3号、2001。
32）中央防災会議　資料（2003年）（瀬戸内海の津波）。

なお、ここに挙げた参考文献は、岡山県立図書館（℡086-224-1286）もしくは、岡山県水産試験場（℡0869-34-3074）で入手できます。

2－6　生態系の特徴と保全

(1) 岡山県の植物相の変容と保全

　岡山県は「緑豊かな県」である、とよくいわれます。しかし、森林面積は県全体の60.9％で、全国平均の67.4％よりも少ないのです。この数字は47都道府県中の34位、中国地方では最下位です。人手の入っていない自然度の高い自然林や湿原などはさらに少なく、わずか0.6％しかありません。大阪・愛知・広島よりも少なく、全国の最下位という不名誉な状態であるのが実態です。市街地や造成地は3.0％であり、大阪（40.0％）・東京（37.7％）に比べて自然が残っ

表2-7 岡山県における植生の割合

		岡山県（%）	全国平均（%）
10	自然草地	0.12	1.10
9	自然林	0.47	18.18
8	二次林（自然林に近いもの）	0.22	5.44
7	二次林	48.63	19.13
6	植林地	11.58	24.70
5	二次草原（背の高い草原）	1.08	1.56
4	二次草原（背の低い草原）	9.69	1.61
3	農耕地（樹園地）	1.06	1.84
2	農耕地（水田・畑地）	23.46	20.88
1	市街地・造成地	3.03	4.03
	その他（自然裸地・開放水面など）	0.65	1.53

出所：環境庁、1994。

ているはずですが、緑はそこそこあるものの良好な自然はほんのわずかしか残っていないと言えるでしょう。特に自然林は大変少なく、面積率では全国平均のわずか4分の1にしか過ぎません。

　自然林の中身を詳しく見ると、海抜900m以上の冷涼な地域に発達するブナ林が0.27％、温暖な場所に発達するシイ・カシ林が0.21％しか残っていません。岡山県は高い山が少ないので、冷温帯の落葉広葉樹林が発達することができる面積は狭く、ブナの自然林が少ないのは仕方がありません。比率で見ると、冷温帯の森林のうち、自然林は4.2％であり、現在の森林のほとんどは一度伐採されたことがある二次林であることが分かります。県北の毛無山や若杉山などに残っているブナ林の貴重さが分かります（表2-7参照）。

　海抜900m以下の温暖な場所に発達する暖温帯森林では、自然林はわずか0.4％しか残っていません。神社の社叢林などにわずかに残っているだけで、普段目にしている森林は、伐採された後に再生したものなのです。多くの人間が生活している県南の平野から吉備高原にかけての地域では、こんもりと茂った常緑樹の林は大変貴重であることが分かります。なぜこのように自然が少なくなってしまったのか、そして自然を取り戻すためにはどうすればよいのかを考えてみましょう。

1) 岡山県の地形・気候と森林

　岡山県の地形は、沿岸部の平野、海抜500m前後の吉備高原、県北の脊梁地域に分けることができ、これに伴って気候や森林、人間の生活も異なっています。

　沿岸部の平野は典型的な瀬戸内海気候の地域で、雨量は年間を通じて少なく、1,000mmから1,300mm程度しかありません。特に夏の高温時に雨量が少ないことは、植物の生育には障害となっています。雨量が少ないと、十分に根を張っていない芽生えなどは定着することが難しく、伐採されると樹木はなかなか再生できません。特に花崗岩の地域では、植物が生育するまでの間に表層の土壌が流されて「はげ山」ができやすく、瀬戸内海を見渡す山々は「はげ山」が多かった地域として有名です（千葉、1991）。

　吉備高原は沿岸平野に比べて気温が低く、雨量も1,500mm前後と多いので、瀬戸内沿岸に比べて植物はずいぶんと生育しやすく種類も豊富です。冬の寒さもさほど厳しくないので、本来は1年中葉を維持している常緑樹林が広く覆っていたはずの地域ですが、こんもりとしたシイやカシの林はわずかしか残っていません。

　岡山県の県北、脊梁地帯の山々は海抜も高く、雨量も2,500mm前後と多い地域です。この地域では冬の寒さが厳しいので、冬には葉を落とす夏緑広葉樹林が発達していますが、昔から「たたら製鉄」（2-2（2）1）参照）に伴う炭焼きやパルプに使用するために大量の樹木が伐採されました。ここでも自然林はわずかしか残されていません。

2) 地質によって異なる森林

　岡山県の地質は複雑で、地下でマグマが固まった花崗岩などの火成岩や、火山の溶岩によって形成された流紋岩や安山岩などの噴出岩、中生代・古生代に堆積した堆積岩などがモザイク状に分布しています。岩石が風化すると礫・砂・粘土などができますが、その割合は岩石によって異なります。このために地質が異なると、土壌の性質が異なることになります。このような土壌の性質の違いは、雨量の多い県北では目立ちませんが、雨量の少ない県南では土壌の性質の違いが森林植生に大きな影響を与えます。花崗岩が風化すると水はけのよい土壌が形成され、乾燥に強いアカマツなどが生育する森林が広く発達しま

す。鷲羽山や王子ヶ岳がその代表的な例です。
　一方、堆積岩は風化すると保水力の高い良好な土壌ができることが多く、沿岸部であってもシイやカシの林ができやすいのです。倉敷市の由加山蓮台寺では、沿岸部では稀な常緑広葉樹林が残っています。このような植生の違いの結果、山林火災の頻度や延焼面積にも違いがあり、花崗岩地帯では発生頻度が高く、流紋岩地域では発生頻度が低いものの延焼面積が広く、古生層地帯では頻度・延焼面積ともに小さい値となっています。

3）少ない自然林
　岡山県が都道府県の中で最も自然林が少ない理由の1つは、高い大きな山が少ないためでしょう。特に沿岸域には大きな山はないので、ほとんどの森が伐採された後に再生した二次林です。吉備高原は緩やかな丘陵が続き、点々と集落や農耕地が分布しています。昔は、集落から三里（12km）程度までの範囲の森は薪や材木を取る山として利用されていたようで、吉備高原では集落が点在しているので、集落から12km以上離れた山地はほとんどありません。県北の脊梁山脈の標高は1,000mを越えていますが、この地域でも、たたら製鉄や製紙用のパルプを生産するために、広い範囲が伐採されてきました。
　石油や石炭、天然ガスなどの化石燃料を使用する以前は、人々は多量の木材をエネルギー源として、あるいは建築や農具・家具などの用材として伐採し、使用してきました。沿岸平野ではたくさんの人々が生活しており、炊飯や暖房などに多くの燃料が使用され、製塩や窯業などの産業にも多量の木材が使用されてきたのです。吉備高原では、集落の周辺の森林は農村の人々の生活に密接した林として利用されてきました。人との関わりの中でできた「里山」です。森からは燃料や用材だけではなく、低木は「柴木」として刈り取られ、落ち葉も肥料として利用されました。岡山県では吉井川・旭川・高梁川の3本の河川が南北に流れており、これを利用して舟で炭や薪が都市や塩田に送られました。

4）減少しつつある植物
　岡山県では野生生物の現状を5年間かけて調査し、絶滅のおそれのある野生生物を「岡山県版レッドデータブック」としてまとめました。絶滅のおそれがある植物は、コケ植物を除くと565種がリストアップされました。どのような

植物が減少しているか、その傾向をまとめてみると、次のようになります。
①人間の自然利用の変化
　家庭での燃料が薪や炭であった時代（1955年頃より以前）、森林は20から30年に1度伐採されていました。その後、石油やプロパンガスなどの化石燃料が家庭で使われるようになり、森林は放置されました。このために森林は発達し、樹木が成長して明るい林から暗い林に変化しつつあります。明るい森林に生育する植物は、このような森林の発達に伴って、次第に減少しつつあります。

　化学肥料が普及する以前、また家畜が草で育てられていた時代では、農村集落の周辺には広い草原が広がり、草を刈って肥料や飼料に使用していましたし、放牧も行われていました。このような草原は、トラクターなどの普及と家畜の飼料に穀物を中心とした配合飼料が使われるようになると放置されました。刈り取られることによって生育できていた草丈の低い植物は減少しつつあります。人間の生活様式が自然との関わりの少ないものへと変化したために、農耕の開始によって人類とともに生育してきた植物が減少しているのです。

　岡山県は、伐採されようとしていた毛無山のブナ林を買収し、国立公園に編入して保全することにしました。このように、現在ある自然林をそのまま残して保全することが最も重要であることはもちろんです。また、発達しつつある森林を育成し、自然林へと発達させることも必要です。今後何100年もの年月が必要ですが、よく発達した森林でなければ生育・生息できない動植物の生活場所を確保することが必要です。自然を残し育てていく場所は、連続していることが必要です。点々と離れた小さな森林は、よく発達しているものであっても多くの動植物を養うことはできません。

　一方、人間の生活が森林に頼らないように変化したため、草原や里山は放置されてしまいました。自然が回復しつつあるわけですが、農耕の開始とともに人々の身近な場所に生育・生息してきた生き物たちが減少しつつあります。各地で明るい里山を保全しようとする試みが行われていますが、社会構造が変わってしまった現在では、簡単ではありません。森林利用のあり方を

改めて考える必要があります。

②ため池や水路・湿地などに生育する植物の減少

　ため池や小川などに生育する植物の生育環境は急速に悪化しつつあり、約30％の種に絶滅の危険性があることが分かりました。岡山県の平野部では、水路が網の目のように張り巡らされ、多くの水草が生育していましたが、水路がコンクリート張りに改修され、農地も基盤整備が行われたために水草の生育立地が少なくなってしまいました。富栄養化による水の汚濁も、水草の減少の原因になっていると思われます。水草の減少によって魚や水生昆虫の住みかも減少しています。豊かな水草や動物たちの生育・生息できる小川を残したいものです。

　利便性や防災上の問題もあり、すべての水路を自然のままの形で残すことはできないと思いますが、自然に配慮した工法による工事を行うことや自然のままに保全する地域の設定が必要です。

参考文献

岡山県『岡山県版レッドデータブック―絶滅のおそれのある野生生物―』岡山県環境保全事業団、p.465、2003。

千葉徳爾『禿げ山の研究』そしえて、p.349、1991。

環境庁『第4回自然環境保全基礎調査植生調査報告書』p.390、1994。

(2) 岡山県の動物相の変容と保全

1）生態系とは

　まず生態系とは何か、またこの節の題目に掲げた動物相とは何か、の解説から始めましょう。そして現在の身近な生きものはかつてのままではなくて、知らぬ間に増えた生きものがいるでしょうし、いなくなった生きものもいるでしょう。それが身近な動物相の変化です。

　幼少時の身近な生きものとの触れ合いは豊かな感性を育むのに大切です。でも、触れ合える身近な生きものが少なくなったのでは困ります。最後に身近にかつてたくさんいた生きものをもとのように呼び戻すための、よりよい身近な

自然のあり方について述べてみましょう。
① 「生態系」とは
　　ある地域について生物の食う、食われるなどの過程を通じての物質循環（エネルギーの流れ）に注目して、そこに住むすべての生物と非生物的環境との相互の働き合いの機能を捉えた系（システム）のことです。したがって、森林の生態系といえば、森林が立地する土地空間（非生物的環境）とそこに生育する植物（生産者）と動物（消費者）と土中などにいる微生物（分解者）が構成員です。生態学では、これら4つの構成員はそれぞれ（　　）の中の名称で呼ばれます。

　　そしてある地域について発達した生態系ですから、湖の生態系、海洋の生態系、川の生態系、あるいは地球の生態系などと呼ぶことができます。

　　この生態系のうちの生産者（植物）をもとに消費者（動物）は食う、食われる（捕食者―被食者）の関係をもって生きています。これを食物連鎖と呼びます。食物連鎖の実態はもっと複雑で、カエルはトンボを食べますが、カエルの子（オタマジャクシ）はトンボの子（ヤゴ）に食べられています。こうした相互の作用が絡み合っているので食物網とも呼ばれます。そして動物も植物も死ねば、分解者（微生物）によって分解され、再び生産者に利用されます。生産者（植物）は太陽のエネルギーと二酸化炭素CO_2と水H_2Oとから再び植物体（有機物）を作ります。このように物質は生態系の中を循環しています。

　　森林は100年経っても森林です。そこには生産者、消費者、分解者が調和を取り合った状態で存続しているからです。鎮守の森が長年、鎮守の森であり得たのもこうしたことからです。そして連作障害の土地の改良に、苦しいときの神頼みとして鎮守の森の土壌が利用されるのも、そこの分解者が自然のまま良好なものであるからといえます。

② 「動物相」とは
　　ある地域に生息する動物もしくは動物群の全種類のことで植物相と併せて生物相といいます。すなわち、動物相とは生態系の中の全消費者（全動物）のことです。生態系の特徴とは、取りも直さず動物相の特徴ということにな

ります。そして特定の動物群については、昆虫相、鳥相などといい、また特定の地域については、洞窟動物相、岡山県の動物相、日本の動物相などといいます。

2）岡山県の動物相

生産者（植物）に依存して生息する動物相（動物群）は、森林、林野、人の手の加わった里山、耕作地、また地形、地質条件などによりさまざまです。また、水中の動物は陸には住めないので、河川、海には別の動物相があります。したがって、環境の質が多様であれば、また気候、地形、地質などが多様であればあるほど、動物相は多様で変化に富んでいるといえます。

岡山県は北部は冷涼で積雪があり（降水量2,500mm程度/年）、南部は瀬戸内海気候で温暖で積雪がなく少雨（降水量1,000～1,300mm/年）であり、中部の吉備高原は両者の中間（降水量1,500mm程度/年）で、また沿岸海域は、閉鎖内湾性海域の瀬戸内海のほぼ中央に位置し、遠浅の海で、変化に富んでいます。さらに県北部は豊富な降水と森林に支えられて、長さ100kmを超す3本の河川の源流域となり、県南部は溜め池が多いことも加わって、小雨でありながら淡水環境に恵まれています。これは隣県にはない岡山県の特徴といえます。加えて中国山地内には蒜山盆地あり、津山盆地ありで地形は多様であり、また地質は花崗岩、流紋岩、安山岩であり、県の北西部には阿哲台の石灰岩地があり、複雑、多様な地質構成を呈しています。

3）岡山県の動物相の特徴

哺乳類では、大型の野性獣のツキノワグマが10頭内外ながら県東北部におり、イノシシは県中部の吉備高原を中心に数が多く、ニホンジカは県東部を中心に数が多く、ニホンザルは神庭の滝、臥牛山に群れています。特に中国山地の森には、天然記念物のヤマネが生息しており、臥牛山のニホンザル生息地は、国の天然記念物に指定されています。このほかキツネ、タヌキが多く、野ネズミ類の繁殖を抑えくれていますが、野ネズミ類が多い県ともいえます。加えて、ヌートリアの生息数は全国随一です。

鳥類は300種余りおり、1万羽を超すカモ類が越冬する児島湖が有名であり、積雪を見ない県中部、南部は渡り鳥を含めて小鳥類の冬季の越冬地となってい

ます。

　爬虫類ではクサガメが全県下に、イシガメが少数ながら全県下に、県中南部の市街地にヤモリが、また県南部には点在ながらタワヤモリが生息し、アオダイショウ、シマヘビ、ヤマカガシ、マムシは全県下に数多くおり、8種のヘビが生息しています。

　両生類では、水の清流に関連して県北部にオオサンショウウオ、北部の中国山地脊梁部に数は少ないがハコネサンショウウオ、ヒダサンショウウオ、ブチサンショウウオがおり、ほぼ全県下にカスミサンショウウオ、イモリが生息しています。カエル類ではヒキガエル、トノサマガエル、ニホンアカガエル、ヤマアカガエル、ツチガエル、アマガエルの分布が広く、県中南部にヌマガエル、ウシガエル、シュレーゲルアオガエルが、また県北部の森にタゴガエル、モリアオガエルがおり、清流にカジカガエルが、また県南部の一部に全国的にも希なダルマガエルが生息しています。

　淡水魚は、水に恵まれたことと相まって、種数は豊富で県内3大河川の魚類数は調査対象全国109の一級河川中6位内に入っています。これらのうち、天然記念物のアユモドキや、全国で岡山県が生息の中心といわれるスイゲンゼニタナゴの生息は淡水魚相を特徴づけるものです。

　無脊椎動物群では、清流にサワガニ、ニッポンヨコエビが数多く、河川にモクズガニの遡上があるのも特徴的であり、河川水域また阿哲台を中心にハタケダマイマイ、モリヤギセルガイなど特徴ある陸貝が生息し、その種数は豊富です。河川では県南部の河川、用水にマツカサガイ、ニセマツカサガイ、トンガリササノハガイが広く分布し、さらに海岸海域では、笠岡市の夏目海岸ほかの笠岡湾口部がカブトガニの生息地として国の天然記念物に指定されているのも大きな特徴です。

　昆虫類では県南部のケブカマルクビカミキリ、クロツバメシジミ、石灰岩地のベニモンカラスシジミ、北方系のコエゾゼミやヒラサナエ、オニクワガタ、ガロアムシ、ヤスマツトビナナフシ、ウスイロヒョウモンモドキ、ギフチョウ、河口砂浜のヨドシロヘリハンミョウ、また蒜山盆地の牧場の糞虫類など食草に関連して枚挙にいとまがないほど多様です。

このように県下の動物相は多種多様であり、外来種の帰化やヌートリアの繁殖、ウシガエル、アメリカザリガニなど広い分布が見られ、それだけ県土は動物にとって住みやすい土地であったといえるでしょう。

4）水田、水路、里山の変貌と動物相の変容

　しかしながら、燃料革命といわれるプロパンガスの普及後、近年の30年間にわたり、薪を求めていた薪炭林の里山で管理の人手を失ったために多様であった自然が荒れてきました。また、身近なカエルの揺りかごであった水田が、機械化の進展や品質改良による日照時間の少ない稲の作付けによって環境が変わってきました。さらに、護岸へのコンクリートの多用によって水路の自然環境が荒廃し、身近な生きものが後退し、水田地帯の道路にあれほどあったカエルの轢死体が見えなくなり、小川や水路からホタル、フナ、ドジョウが姿を消しました。また市街地近くではメダカ、ウシガエル、アメリカザリガニも姿を消しつつあります。さらに山間の放棄水田ではそこの田溝に産卵していたカスミサンショウウオが生息地点を失いつつあります。

　これら身近な生き物を次の世代の子どもたちに引き継ぐために、これらの動物の生息環境の保全策について述べてみましょう。

　まず、川とのつきあいに例をとってみましょう。桃太郎の昔話では、おじいさんは山に柴刈りに、おばあさんは川に洗濯に出かけます。すると、川上の方から大きな桃がドンブラコ、ドンブラコと流されてきました。ここでの川は、桃、恵みを与えてくれるものであり、また洗濯、汚れを洗い流してきれいにしてくれるところでありました。人々は川に入るため護岸に階段を築き、使い川（汲み川）として利用し、洗い場としての恩恵に浴してきました。この〝つきあい方〟に、川の水を汚してもよいという態度はまったく見当りません。皆が川の水を大事にし、ゴミを捨ててはいけません、汚してはいけません、と川を大切にしていました。このような生き方は川のほとりに住む人びとの身近な文化として、親から子へとさらに孫へと受け継がれてきたように思えます。

5）水道の普及と小川・水路の荒廃

　今では、台所の蛇口のコックをひねれば、どこの家庭でも飲水が噴き出してきますが、水道は川と台所を直結する水管網で、いま私たちが使っている蛇口

からの水ももとは川、せせらぎからの水です。

また、かつては家庭排水はいったん溜め舛に貯められて、そこから素掘りの溝に流され、水田を通して川へ流されていました。しかし、水道からもたらされる水は便利で炊事水に洗濯水に使いやすく、使用量が増え、かつての溜め舛も貯留の用をなさなくなり、排水管の取り付けによって近くの川に直接排水され、加えて洗剤の使用や、水田への農薬や化学肥料の投入が増えました。さらに、田溝や水路へのコンクリート護岸の設置が普及し、コンクリート水路が延びるにしたがって、水は汚れてきました、なかでも、人口密度が高い市街地で水の汚れがひどくなり、素掘りの溝や川が本来保有していた浄化能力（自浄能力）が失われてしまいました。

川や水路の自浄能力は、そこに生息する生き物の作用によるもので、その内訳を見ると、①地下に染み込んで土壌細菌の浄化を受け川にもたらされる水、②水辺や水中の草の間を流れて浄化される川水、③岸や底の土中の微生物によって浄化される水です。すなわち、素掘り溝や川の自然護岸は自然の浄化槽でした。

コンクリート化の進行とともに分解者の微生物の生息場所が減少し、そして①からの水はもらえず、②や③の浄化部分の減少があり、加えて微生物の生存を脅かす薬品類の流入が加わり、残された微生物群の浄化能力をはるかに超えて人の排出物が流入してきました。川の微生物群の減少は彼らを食べていた小動物に影響し、メダカやドジョウがエサとしていた小動物の減少をもたらし、さらに産卵場の水草やエサを失ってのメダカやドジョウなど魚類やカエル類の減少をもたらしました。

さらに昨今の水田の機械化は水田地下水位の低下に拍車をかけ、冬季の水田は表層が乾田化し水がなくなり、水中に越冬する餌料動物は、冬を過ごせず減少しました。加えてカエルにとっては稲の品種改良による耕作期間の短縮で、春の産卵期に水田に水がなくなり、所によってはオタマジャクシの状態で落水され、カエルにまでなれません。カエルもドジョウも食べられて役に立っている動物たち、いわば食物連鎖の基底部分を担っている担い手を失って、このままでは身近な水田の生態系は崩れ去ってしまうかも知れません。

6）河川、水路、田溝の浄化機能の保全

　水田にカエルやドジョウを戻すため、水路に不透水性の底は付けないで、護岸は透水性のあるものにし、水際に草の生えるようにするべきです。水路の多自然型護岸工法の実施に適したコンクリート製品は、大いに利用できるでしょう。

参考文献
1）杉山恵一『自然環境復元入門』信山社出版株式会社、東京、212pp、1992。
2）岡山県『おかやまの自然』第2版、p.332pp、1993.
3）宮本邦男『流域散歩Ⅵ多自然型川づくりへの挑戦』高梁川流域の自然、(6)：pp.13-21、1993。
4）佐藤國康『川岸を考えるⅣ—岡山のチョット進んだ護岸です—』倉敷の自然（53）：pp.26-28、1993。
5）杉山恵一監修『みんなでつくるビオトープ入門』合同出版株式会社、東京、p.246、1996。

2−7　廃棄物問題

(1) 廃棄物の問題

　私たちが健康で快適で便利な生活を求めた結果、大量生産、大量消費、大量廃棄の社会が生まれました。日常生活、事業活動に伴って生じる一般廃棄物（ごみ）は、毎日1人当たり1,100g、日本全体では1年間に5,000万tにもなります。このほかにも、年間4億tの産業廃棄物が排出されています。

　廃棄物は、悪臭を発生し、ネズミ、ハエなどの繁殖につながり、生活環境を悪化させます。公衆衛生上望ましくないばかりか、貴重な空間を占有し、人に不便を与え、美観を損ね、不快感をもたらします。そこで、公衆衛生の向上、生活環境を保全するために廃棄物を保管、収集、運搬、中間処理、最終処分といった廃棄物処理を行う必要があります。

　経済水準の向上や、消費者に便利な使い捨て型の商品の増加は、消費量の増

大、廃棄物発生量の増大をもたらしています。廃棄物の内容は、以前は台所ごみが中心でしたが、次第に、紙、プラスチック類、ガラス、金属等が多くなってきました。したがって、動物の飼料や堆肥にしたりする自然循環型の処理は非常に困難になってきています。しかも、通常使われている処理方式、例えば焼却による大気汚染、埋め立て地からの浸出液による水質汚濁等に対して、環境保全の要求が厳しくなり、これらに対処するための処理費も急増しています。また、廃棄物処理施設の立地も困難になりつつあり、特にかなりの面積を必要とする埋立処分場の確保は困難になっています。

(2) 循環型社会における廃棄物処理

従来、廃棄物処理は伝染病を媒介する衛生害虫・害獣の発生等の公衆衛生上の問題や、悪臭発生等の生活環境上の問題に対する対策の一環として捉えられてきました。しかし最近では、廃棄物発生が資源消費のバロメータと見なされ、地球環境問題の根本的解決には資源消費と廃棄物の発生を抑制することが重要である、と広く認識されるようになりました。現在、世界では年間約300億 t の天然資源が採取されています。このうち化石資源の利用は約85億 t（石油換算）にも達し、その利用に伴う二酸化炭素の排出が地球温暖化問題として顕在化しています。わが国においても、年間約18億 t の天然資源が利用されており、このうち資源として再利用されているのは約 2 億 t に過ぎません。残りのうち、約 8 億 t は廃棄物や二酸化炭素として環境に排出されています。今後人類がめざすべき方向は、これまでのような大量生産・大量消費・大量廃棄型の経済社会システムから、廃棄物の発生が抑制され、資源やエネルギーとしての循環的

表 2 − 8　循環型社会に関連する主な法律

1991年	「再生資源の利用の促進に関する法律」
1995年	「容器包装に係る分別収集及び再商品化の促進等に関する法律」
1998年	「特定家庭用機器再商品化法」
2000年	「循環型社会形成推進基本法」
	「建設工事に係る資材の再資源化等に関する法律」
	「食品循環資源の再利用等の促進に関する法律」
	「国等による環境物品等の調達の推進等に関する法律」
2002年	「使用済自動車の再資源化等に関する法律」

利用が大きく促進されることにより、環境に与える影響が最小化された経済社会システム（循環型社会）への転換です。
　このように、地球環境保全の必要性が大きくなるのに伴い、廃棄物処理の目的は身近な生活環境の保全から、さらに地域環境・地球環境の保全へと拡大し、その重要性も大きなものとなってきました。地球規模で持続可能な開発をめざし資源・環境保全の取り組みが進められる中で、日本の廃棄物対策も「循環型社会の構築」という大きな目標のもと、法律等の国の制度や計画施策等の整備が進められています（表2－8）。

(3) 循環型社会における3つの原則

　循環型社会を実現するためには、リデュース（Reduce）＝排出抑制、リユース（Reuse）＝再使用、リサイクル（Recycle）＝物質資源、エネルギー資源として再生利用という、いわゆる「3R原則」の徹底が求められています。
　そして、この3R原則がいかに合理的な資源循環システムとして社会に定着するかが重要な課題であり、その実現のための方策が模索されています。
　わが国では、内閣府の経済財政諮問会議において「循環型経済社会に関する専門調査会」が設置され、専門家により循環型社会へ向けた国の方策が検討されました。ここでは、その中間とりまとめ（2001（平成13）年11月）で提示された3つの基本理念を紹介します。

①天然資源の採取量の抑制
　　エネルギー効率の向上等により、天然資源の採取量を抑制します。また、品質の劣化した廃プラスチックや古紙などの可燃物は、エネルギー資源として有効利用します。廃棄物のリサイクルで同じ紙やプラスチックでも物質資源として活用する物とエネルギー資源として活用する物とを冷静に分別（ふんべつ）することが求められます。

②環境への負荷の低減
　　廃棄物の発生抑制とリサイクルを促進し、それらを資源・エネルギーとして活用し、埋立処分する量を少なくします。安全な生活環境を維持するため、水・大気・土壌を汚染する有害物質や二酸化炭素等の環境負荷物質の環境へ

の排出を抑制します。発生抑制やリサイクルの促進と環境負荷は、場合によってはトレードオフ（取引、利害が相反する）の関係にあり、程よいバランスのある施策の選択が求められます。

③持続可能な経済成長の実現

　天然資源の採取量の抑制や環境の負荷の低減を達成しつつ、新たな成長分野を創出・拡大し、持続可能な経済成長を実現します。このため、各種制度やルールを体系化・合理化・明確化していくとともに、革新的な技術・製品の開発、ビジネスモデルの創出、社会的インフラ（基盤、優先的に必要な施設）整備を促進し、「美しい日本」や新たな経済社会に対する潜在的なニーズを顕在化させ、産業構造の高度化を図ります。

以上の理念を実現するためには、廃棄物を「不要なもの」から「有用な物質資源・エネルギー資源」と捉える経済社会システムに転換することにより、資源の循環的利用や環境負荷の低減を実現可能な形で市場に組み入れていくことが必要です。また、資源を循環的に利用する経済活動が経済社会システムとして円滑に機能してゆくためには、廃棄物処理等の静脈産業の高度化・近代化を推進すると同時に、「ものづくり」を循環の視点から見直すことが求められます。

具体的には、分離・選別が容易な製品設計や、廃棄物が発生しない生産工程、

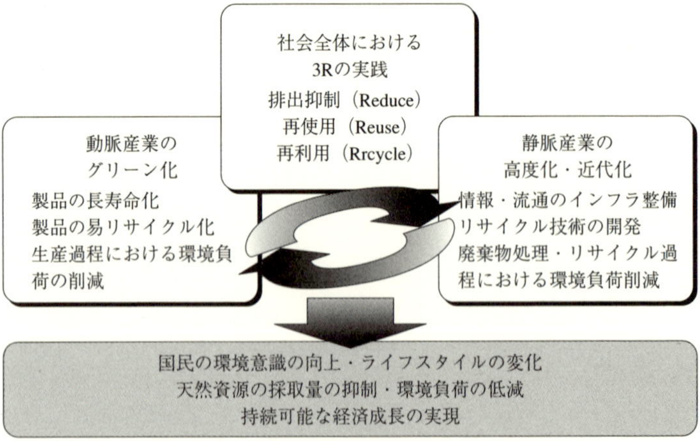

図2－38　循環型社会構築のための取り組み

さらには多様な長寿命化製品の生産やメンテナンスサービスの提供等「動脈産業のグリーン化」を推進することが重要な課題となります。「動脈産業のグリーン化」は、社会インフラ整備のためのニーズを増加させるとともに、そこで作り出された環境に配慮した多様な商品は、国民のライフスタイルの変化と「環境」に対する価値認識の向上をもたらすと期待されています。

以上のことから、循環型社会を構築するためには、製品を生産する側の動脈産業と廃棄物を処理、リサイクルする側の静脈産業、そして社会全体が連携し、持続可能な経済社会システムへ向けた取り組みを行うことが求められます。(図2－38)。

(4) 今後の廃棄物処理システムのあり方——岡山県の事例

すでに循環型社会へ向けた国全体、社会全体の取り組みについて述べましたが、ここでは私たちの岡山県の廃棄物処理の状況を概観し、今後の廃棄物処理システムのあり方について考えてみたいと思います。

1）岡山県の一般廃棄物の状況と対策
①一般廃棄物の状況

　　岡山県のごみの排出量は、1991（平成3）年度以降は横ばいの状態となっており、資源化量については少しずつ増加傾向にあります。一方、埋立処分量は減少傾向にあり、ごみの減量化・リサイクルに対する意識の浸透および最終処分場等の確保の困難性を市町村等が認識してきたためと思われます。1999（平成11）年度には、県下で1日当たり1,900 tのごみが排出されており、前年度比でわずかに増加しています。また、県民1人1日当たりの排出量は970gで、前年度とほぼ横ばい状態にありますが、国の平均値1,100gよりは少ない値です。

②ごみ処理の状況

　　ごみ処理の方法は、直接焼却、直接埋立、資源化等および各家庭における自家処理に大別されます。1998（平成10）年度の総排出量のうち、市町村による収集処理が99％、自家処理が1％となっています。自治体収集のうち直接焼却等の中間処理が88％、直接埋立が9.3％、直接資源化が2.7％となって

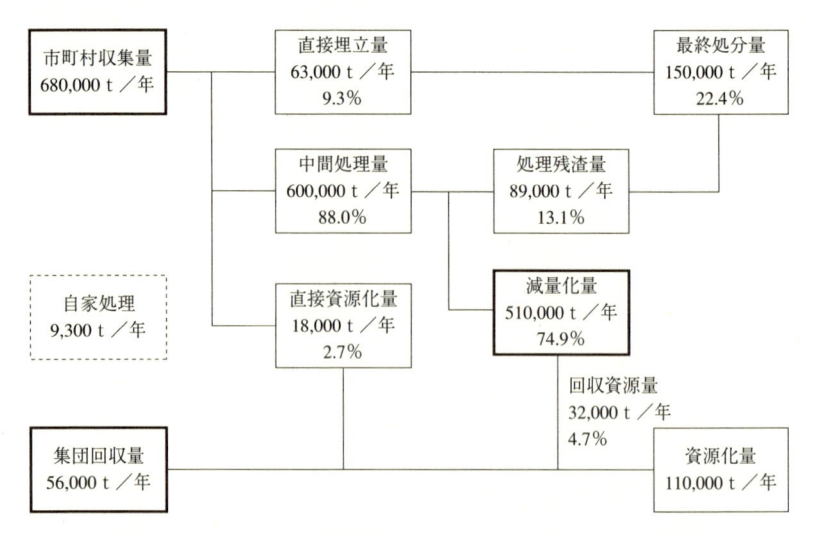

```
市町村収集量          直接埋立量            最終処分量
680,000 t／年    ─    63,000 t／年    ─    150,000 t／年
                      9.3%                  22.4%

                      中間処理量            処理残渣量
                      600,000 t／年    ─    89,000 t／年
                      88.0%                 13.1%

   自家処理           直接資源化量          減量化量
  9,300 t／年         18,000 t／年          510,000 t／年
                      2.7%                  74.9%

                                            回収資源量
                                            32,000 t／年
                                            4.7%

  集団回収量                                 資源化量
  56,000 t／年                               110,000 t／年
```

図2-39　岡山県のごみ処理の状況（1998（平成10）年度実績）

います（図2-39）。また、埋立処分場の延命化を図る観点などから資源化に努めているため、埋立量は減少傾向にあります。

③一般廃棄物の最終処分場の状況

　埋立処分場は2000（平成12）年度末には39か所が稼働しており、合計埋立面積は47万m²、合計埋立容量は297万m³となってます。また、1999（平成11）年度末の残存容量は約120万m³で、今後、新たな埋立処分場が整備されないと仮定すれば約8年で満杯となることが予想されています。

④リサイクルの推進状況

　1994（平成6）年度「岡山県リサイクル推進行動計画」では、当面、2003（平成15）年度にはリサイクル率を15％にすることを目標としており、1999（平成11）年度の時点でこの目標に達しています（表2-9）。また、1999（平成11）年度末実績では、資源ごみの分別収集は78市町村の内56市町村で実施されています。

表2-9　リサイクル率の推移

年度	1994	1995	1996	1997	1998	1999
リサイクル（％）	10	11.5	12.3	13.7	14.5	15.2

⑤一般廃棄物の適正処理対策と循環型社会への取り組み

　岡山県では、以下に示すように市町村が一般廃棄物の能率的かつ適正な処理が行えるよう指導しているとともに、循環型社会へ向けた様々な取り組みを行っています。

（ア）リサイクル運動の推進

　1994（平成6年）度に策定した「リサイクル推進行動計画」に基づき、組織作りやPR活動を実施し、リサイクル推進運動を展開しています。さらに、1999（平成11）年3月に設置した「ごみゼロ社会プロジェクト推進会議」において、減量化・リサイクルの一層の促進を図る事業を実施しています。

（イ）容器包装リサイクル法の推進

　県として、市町村が作成した容器包装リサイクルの第2期の計画（2000（平成12）年度～2004（平成16）年度）を取りまとめ、分別収集促進計画を策定し、市町村における体制整備等を指導しています。

2）岡山県の産業廃棄物の状況と対策

①産業廃棄物の状況

　1998（平成10）年度実施した「産業廃棄物実態調査」によると、1997（平成9）年度の県内総発生量は、1,100万t／年で（図2－40）、前回調査の1992

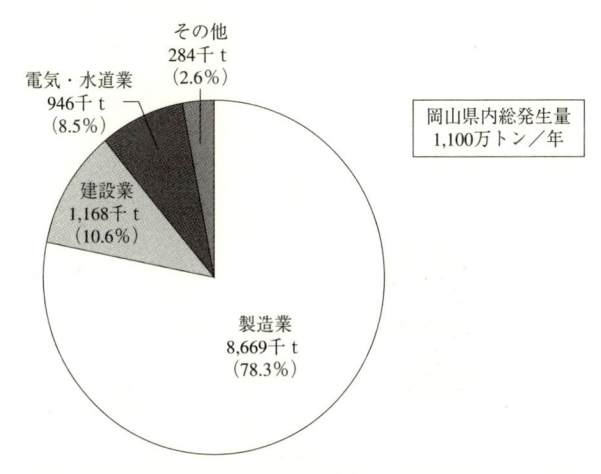

図2－40　産業廃棄物の業種別発生量（1997（平成9）年度）

(平成4)年度の総発生量に比べると39万t／年（4％）の増加となっていますが、産業廃棄物の資源化が進み、最終処分量は150万t／年で、前回調査に比較し、40万トン（20％）の減少となっています。このことは、排出事業者の適正処理意識の高揚や処理・リサイクル技術が着実に進展していることを意味するものですが、一方依然として不法投棄や野焼きなどの不適正処理も多く見られます。また、廃棄物を適正に処理するために必要な最終処分場等の処理施設は、住民の不安や不信感の高まりを背景として、確保がますます困難となっているとともに、適正処理が困難な産業廃棄物の増大、産業廃棄物の広域的な移動などの問題が生じてきているなど、産業廃棄物を取り巻く状況は極めて深刻です。

②産業廃棄物の処理処分の状況

県内で発生する産業廃棄物の最終（埋立）処分量は、実態調査を実施した1983（昭和58）年度で166万t、1992（平成4）年度で188万t、1997（平成9）年度で150万tとなっており、中間処理による減量化・資源化が徐々に進んできています（図2－41）。なお、岡山県には第3セクターとして設立された（財）岡山県環境保全事業団の産業廃棄物処分場があります。2000（平

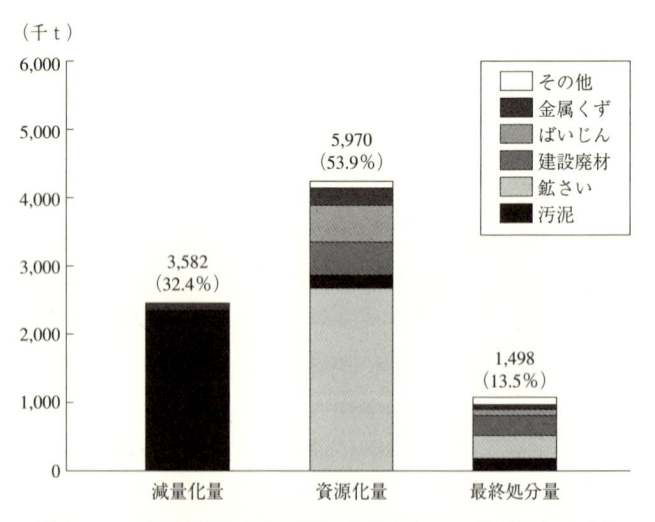

図2－41　産業廃棄物の種類別処理状況（1997（平成9）年度）
注：（　）内は発生量（11,067千t）に対する割合

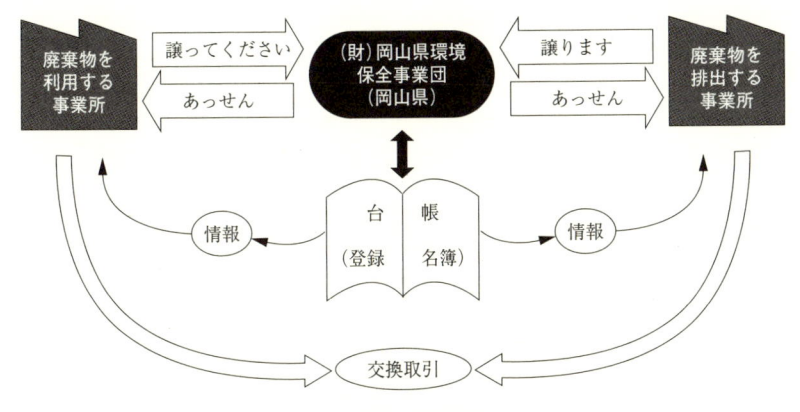

図2-42　廃棄物交換情報制度の仕組み

成12) 年度末における埋立処分累計は15,600千 t となっており、下水道汚泥などのコンクリート固化処理、下水道汚泥、廃プラスチック類の焼却処理による中間処理事業を実施しており、県下の産業廃棄物適正処理体制の必要不可欠な中核的な存在となっています。

③産業廃棄物の適正処理対策と循環型社会への取り組み

　岡山県では産業廃棄物の適正処理を推進するため、2000（平成12）年3月に「第四次岡山県産業廃棄物処理計画」を策定しています。基本的な施策として、（ア）事業者処理責任の強化、（イ）発生抑制と減量化・資源化の推進、（ウ）適正処理の推進、（エ）処理施設の計画的な整備の促進を定めており、この施策に沿って対策を進めています。

　また、岡山県は産業廃棄物の減量化の施策として、「廃棄物交換情報制度」（図2-42）を1987（昭和62）年度から実施しています。この制度は、再生利用できる産業廃棄物を排出する事業所および利用する事業所の情報を（財）岡山県環境保全事業団（岡山県から委託）が収集し、その情報を提供することにより、産業廃棄物の資源化・再利用を促進するもので、今後さらなる活用を促進する必要があります。

(5) 今後の廃棄物処理のあり方

　日本は国土が狭く人口密度も高いため、慢性的な埋立処分場不足に悩まされ

てきました。これまでは多くの自治体では埋立処分場の延命を図るため、可燃物は全量焼却により減容することを基本として廃棄物施策を展開してきました。岡山県下のごみの焼却率は、81％（1999（平成11）年度実績）と高いレベルを保っています。また、資源ごみ、分別ごみとして紙、ガラス、金属等を分別収集し、（ア）資源化施設でさらに選別再資源化を図る場合、（イ）粗大ごみ（家電製品や家具類等の大型ごみ）を破砕し、素材別に有価物を選別、回収する場合など各自治体で、さまざまな手法を組み合わせ、リサイクルを促進し埋立処分量の最小化が図られてきました。しかしながら、さらに埋立処分量を最少化するためには、住民のさらなる協力の確保、適用可能な技術の開発、経済性の向上といった課題があります。

これからますます最終処分場の確保が困難になり、焼却灰のセメント原料化や溶融スラグ化により埋立処分量をさらに削減することが模索されようとしています。こうした中で、廃棄物の収集・運搬・処理・処分の一連の流れにおける資源・エネルギー消費、環境負荷を見積もり（WLCA：Waste Life Cycle Assessment, 収集から最終処分まで廃棄物処理の全体を評価するライフサイクルアセスメント）、費用負担を解析し、資源効率性、経済効率性、環境効率性を評価した上で、その地域に最も適した処理システムを取り入れていくことが求められています。これからは、最適な処理システムを選択した根拠や、選択した処理方式の効果を分析評価して公表説明することも求められるようになるでしょう。

つまり、循環型社会の推進に向けては、科学的な解析や根拠に基づいた合理性を踏まえたバランスのあるリサイクルおよびリスク管理に向けた政策決定が必要になります。

このように、循環型社会の中味やそれをどのように形成するのか、国民の間で大いに議論を重ね色々な場面で参加していかなければなりません。私たちが望ましい循環型社会を築いていくためには、私たちが政策や計画に参加し選択していかなければならないし、また一人一人の行動が非常に重要です。

参考文献
1) 循環型経済社会のビジョンとシナリオ―（循環型経済社会に関する専門調査会中間とりまとめ、平成13年11月22日　内閣府経済財政諮問会議　循環型経済社会に関する専門調査会）。
2) 平成13年度岡山県環境白書。

2-8　資源、エネルギー、食糧の問題

　わが国における資源、エネルギー、さらに食糧の調達までもが、国内でまかないきれず国際的な規模で行われる時代となりました。世界はグローバルな市場に組み込まれ、ダイナミックな国際分業化が急速に進行していると言われています[1]。つまりこれらの問題も地球的な視野から考えておかなければならない問題です。資源・エネルギーの大量消費は地球規模での環境破壊、地球温暖化をもたらし、食糧生産に対しても大きな影響を及ぼします。資源、エネルギー、食糧の問題をきちんと理解しておくことは環境問題を理解する上にも大切なことであり、本節ではこの問題について取り上げます。

(1) 資源の問題
1) 資源の分類と問題
　資源を大きく分類すると、天然資源と人的・文化的資源などがあります。天然資源はさらにエネルギー資源、鉱物資源、生物資源に分類できますが[2]、エネルギー資源についてはここでは述べません。鉱物資源には鉄、銅、ニッケルなどのような金属資源と水資源や土壌資源のような非金属のものが含まれます。生物資源には動物資源と植物資源とがあります。これに見られるように資源とは人間にとって役に立つ原材料のことをさすといえるでしょう。人的・文化的資源は原材料とはいえませんが、尽きることのない、発展し続ける可能性のある最も貴重な資源といえます。私たちが資源問題を考えるとき、普通天然資源の枯渇の問題を取り上げます。人類はこれらの資源をうまく利用することによ

って発展してきたといえます。歴史の中では、資源を戦争に使うなど、人類の発展に逆らうことにも利用されてきました。特にルネッサンスの時代以降、科学の発展は人類の生活様式を一変させ、先進国においては物質的豊かさを謳歌してきました。そしてわが国を始め、先進諸国では大量生産、大量消費、大量廃棄の時代になり、それに応じて資源の利用量も、世界人口の著しい増加と相まって増加してきました。しかしこの地球の大きさが有限であるように、資源も決して無尽蔵にあるわけではありません。特にわが国は天然資源の埋蔵量が少なく、その多くを海外からの輸入に頼っています。

　資源問題は、埋蔵量や使用量など量的な問題だけでなく、本来それらを有効に活用するための科学・技術の問題やまた経済、社会システムなども含む問題として考えねばなりません。限りある資源をどのように、何のための使用するかは最も大きな問題であるといえます。資源問題は一国、一地域の問題ではありませんが、どのように使用するかは、国の問題であり、地域の問題であり、また国民一人一人が考えねばならない問題です。

2）鉱物資源

　鉱物資源は金属資源と非金属資源に分類されます。わが国における鉱物資源の輸入量は資源・エネルギー庁の統計データによると、鉄、マンガン、モリブデン、石綿、黒鉛等は95％を超えており、ニッケル、コバルト、チタン、アルミニウム、燐鉱石に至っては100％輸入に依存しています。これまでの日本経済は、原材料を輸入し、加工し、付加価値を与えて輸出することによって支えられてきました。世界的な資源枯渇の問題と、製品加工の際に使用する大量のエネルギーは、環境汚染と次に述べるエネルギー問題を引き起こすことになるのです。多くの鉱物資源はリサイクルが可能であり、リサイクル、リユースすることは、人類の生存にとって、資源問題だけでなく、環境問題についても重要な課題になっています。

3）水資源

　水はあらゆる生命体の根源をなすものです。水は生命の維持にとって必要不可欠なものであり、人の生活にあっては飲料水、炊事洗濯、その他日常生活と直結しています。また工業、農業、水産業などの諸産業にとっても、それらを

表2−10　地球上の水

項　目	水量 総量	水量 うち淡水	構成比
地球上の水の総量	×10⁶km³ 1,385.98461	×10⁶km³ 35.02921	% 100
海　水	1,338		96.5　（──）
地下水	23.4	10.53	1.7　（30.1）
土壌中	0.0165	0.0165	0.001　（0.05）
氷　雪	24.0641	24.0641	1.74　（68.7）
南　極	21.6	21.6	1.56　（61.7）
グリーンランド	2.34	2.34	0.17　（6.68）
北　極	0.0835	0.0835	0.006　（0.24）
山　岳	0.0406	0.0406	0.003　（0.12）
地下水（凍土）	0.3	0.3	0.022　（0.86）
湖	0.1764	0.091	0.013　（0.26）
沼　沢	0.01147	0.01147	0.0008　（0.03）
河　川	0.00212	0.00212	0.0002　（0.006）
大気中	0.129	0.0129	0.001　（0.04）
生物内	0.00112	0.00112	0.0001　（0.003）

注：（　）は淡水を100とした場合の構成比である。
資料：V.I. Korzoun and A.A. Sokolov; World Water Balance and Water Resources of the Earth E/CONF, 70/TP127（1977（昭和52）年）（国連水会議資料）。

　根幹で支える重要な資源です。今日、生活様式の変化に伴う水需要の増加、あるいは産業活動における水需要の増加は著しく、とりわけ先端技術の分野においては特に良質の水が大量に要求されています。しかし一方では、下水道整備の遅れや、さまざまな汚濁発生源からの流出負荷によって、公共用水域における水質汚濁は依然として重要な問題になっています。特に海域における汚濁は改善の様子が認められないのが現状です。この地球上の水賦存量はどれくらいあるのでしょう。これを表2−10に示しています[3]。
　この表に見られるように、地球上の水の96.5％が海水ですが、私たちが利用する水は、ほとんどが淡水で、年間およそ900億m³です。このうち3分の2が農業用水、残りを工業用水と生活用水として分け合っています。日本の年間降水量はおよそ6,500億m³で、このうち蒸発散、および地下浸透により表流水は全

降水量の約3分の1です。日本の単位面積当たりの年間降水量は世界でも第4位に位置するほど多いですが、人口1人当たりの水資源量に換算すると、世界平均よりも少なくなっています。岡山県には高梁川、旭川、吉井川の三大一級河川が流れており、他府県と比較すると水資源は豊かですが、人口1人当たりの水資源賦存量は全国平均とほぼ同じ量の3,350m^3／年・人となっています。水資源は水量だけでなく、その用途に応じた適正な水質が要求されるのです。

4) 生物資源

　生物資源には、食糧、木材、その他各種の農作物等があります。生物資源の利用法については、まだまだ不明なことが多く、今日生物多様性が大きな地球環境問題の中で議論されているのは、種の絶滅により、まだ明らかにされていない貴重なDNA（遺伝子）が失われるかもしれないという危惧があるからです。

　今まで、資源を"もの"によって分類してきましたが、これらを別な基準で見ると、再生（非枯渇性）資源と非再生（枯渇性）とに分類できます。再生資源は水、生物、土壌などで、これらの再生速度に対応した利用を考えれば、半永久的に利用が可能です。一方非再生資源は化石燃料や鉱物資源などで、一度利用したら、元の姿には戻らない資源です。持続可能な社会とは、非再生資源をいかに有効に再配分し、代替資源が見つかるまで持続させ得るかが課題になります。

(2) エネルギーの問題

1) エネルギー源

　現代の私たちの暮らしの中では、照明、冷暖房、炊飯、電気器具の使用、自動車、工場などあらゆる場で電気、エネルギーを使用しないときはありません。生活の快適さ、便利さ、豊かさの追求は、ますますエネルギーの消費量を増加させてきました。世界の人口増加、工業化はいかに省エネルギー型の機器類を開発しても、総エネルギー消費量を減じることは困難であると考えられます。

　エネルギー源には、化石燃料（石炭、石油、天然ガス）、原子力、水力、太陽光、風力、地熱、バイオマス、メタンハイドレートなどがありますが、現在、最も多く使用されているエネルギー資源は石油、石炭、天然ガスなどの化石燃

料で、世界のエネルギー消費量の約90％を占めています。今のペースで化石燃料を使い続けると、石油が41年、天然ガスが63年、石炭が218年で枯渇すると予測されています[4]。この年数は新しい鉱脈の発見や採掘技術の進展などにより年々変わっていますが、無尽蔵に存在しないことは明白です。

わが国の年間、1人当たりのエネルギー消費量を見ると、カナダ、アメリカに次ぐ第2位のイギリス、ドイツ、フランス、韓国と並び、石油換算で、約4,000kg-oil/人・年です。エネルギーの自給率はわずか22％で、石油はほぼ100％輸入に依存しており、使用エネルギー中51％を石油に依存しています。

2）環境汚染源としてのエネルーギー問題

もう1つのエネルギー問題に、大量の化石燃料の消費による二酸化炭素（CO_2炭酸ガス）の大気中への放出と、それに起因する地球温暖化の問題があります。温暖化は、地球環境問題の中でも最も切実な問題です。化石燃料をどのように使用するかは、私たちのライフスタイルのあり方によって変わってきます。少しでも地球に優しい住まい方を考え、少しずつ実践していくことが大切です。

(3) 新エネルギーを求めて

既存のエネルギー源には限界があり、原子力発電もまだまだ安全性に懸念があります。燃料のウランの埋蔵量にも限りがあり、可採年は60年余と推定されています。無限のエネルギー源があると期待された核融合も、技術的にいつ完成するか分かりません。一方では、特に民生用・運輸乗用車部門のエネルギー消費量は一貫して増加傾向にあります。

そこで今、さまざまな新しいエネルギーの模索が始まっています。それには次のようなものが挙げられています。①太陽光発電、②風力発電、③バイオマスエネルギー、④中小水力発電、⑤温度差エネルギー、⑥廃棄物エネルギー、⑦燃料電池、⑧天然ガスコージェネレーション、⑨太陽熱利用、⑩地熱発電などが検討されています[5]。2010（平成22）年には、総エネルギー供給量の3％程度を新エネルギーで供給するとの見通しが立てられています。

しかし、これらの新エネルギーは全国どこでも等しく開発し、利用することはできません。太陽光の強いところでは太陽光発電を、強い風の吹くところで

は風力発電を、また農村地域ではバイオマスの利用など、それぞれの地域特性、新エネルギー源の賦存量を考慮した計画を立てねばなりません。岡山県下でも、いくつかの自治体が新エネルギービジョン策定委員会を設置して、検討を進めています。例えば岡山市は、賦存量から太陽光の利用が策定され[6]、県北部の賀陽町では、太陽光、太陽熱、風力、バイオマスエネルギーの利用などが考えられています[7]。地域で発生するバイオマスを利用できれば、新たな町おこし事業の1つとしても考えられます。しかし、既存のエネルギーと比べて、コストパフォーマンス（投入される費用や作業量に対する成果の割合）だけで評価すると、太刀打ちできないことが多いのです。エネルギーや環境問題は、市場経済の論理だけで考えてはならないと思います。資源と環境の持続可能な社会を構築するために、新エネルギーを開発、利用するとともに、省エネルギー政策を積極的に進めてゆかねばなりません。

　資源とエネルギーの問題について論じてきましたが、両者は極めて密接な関係にあることを理解することが大切です。この21世紀は持続可能な社会、持続可能な未来の構築に向けて、行政、事業者、そして住民が一体となって、それぞれの役割を果たすことが求められています。

参考文献
1) 古沢広祐『地球文明ビジョン』日本放送出版協会、p.245、1995。
2) 鹿園直建『地球システム化学入門』東京大学出版会、p.228、1992。
3) 国土交通省水資源部『新訂水資源便覧』山海堂、2000。
4) 新エネルギー財団『パンフレット　新エネで地球を救え』p.10、2002。
5) 経済産業省『第28回総合エネルギー対策推進閣僚会議資料』p.14、2002。
6) 岡山市『岡山市新エネルギー策定委員会配付資料』、2003。
7) 賀陽町『賀陽町新エネルギー策定委員会配付資料』、2003。

(4) 食糧の問題
1) 岡山県の農業・農村の特性
　岡山県の農業・農村の特性を全国的視点から見ると、次の3つに要約するこ

とができます。

　第1は、自然的条件の特性です。岡山県は西日本のほぼ中央、瀬戸内海に面しており、気象的には温暖ですが、地形・標高等から見ると、南の瀬戸内沿岸から北の中国山地に向かって岡山平野地帯、吉備高原地帯、津山盆地地帯、中国山地地帯と、標高0mから700〜800mの所まで農業が展開しています。したがって、岡山県では多様な農業が展開しており、わが国の農業生産の縮図的存在となっています。

　第2に、交通条件等の社会経済的特性について見ると、中国縦貫自動車道、瀬戸大橋、岡山（新）空港、山陽自動車道、中国横断自動車道等が開通し、全国的に見ても交通の要衝となり、都市化が一段と進みつつあります。その反面、岡山県市町村の74％が中山間地域であり、過疎化が顕著になり、特に吉備高原、津山盆地、中国山地地帯の過疎化、高齢化、出生率の低下等が大きな地域問題となっています。この現象は、岡山県や西日本のみならず、全国的な農村地域の問題でもあります。

　第3に、岡山県の農業構造の特質についてです。農業経営構造、農業生産構造、農業生産要素構造など農業構造については、1戸当たり経営耕地規模がやや小さく、大規模農家の割合が少ないこと、作目構成において米麦、果実、乳用牛、鶏卵にやや特化していること等を除いて、全国都府県と大差がありません。岡山県の農業は、かつて県南の岡山平野地帯を中心に、果樹、米麦、イ草等商品生産が発展し、全国12〜13位の農業粗生産額を維持してきましたが、高度経済成長期の工業化・都市化の中で後退し、現在では全国23〜24位の水準にあり、農業の活性化が特に求められています。

2）農林統計における農業地域類型

　岡山県における農業地域類型（農林水産省中国四国農政局統計情報部作成）を図2-43に示しています。これに示されるように、岡山県では、都市的地域10市町、平地農業地域10町村、中間農業地域35市町村、山間農業地域23市町村とに分類されています。

　また、いわゆる中山間農業地域（中間と山間）は、県下78市町村のうち58市町村であり、中山間地域市町村率は74.3％となっています。その結果、いわゆ

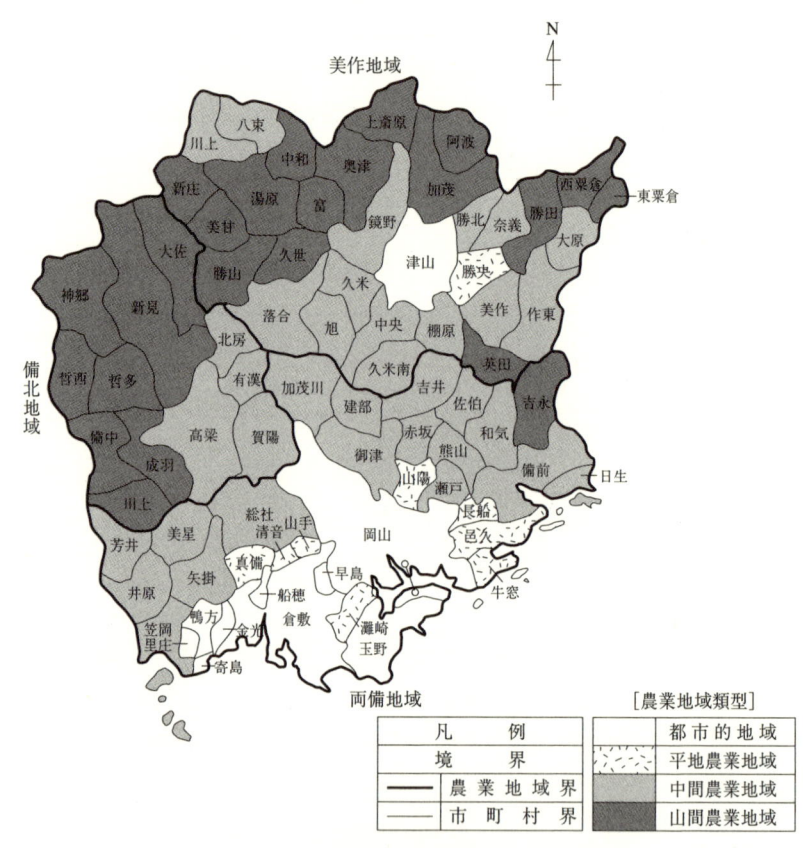

図2−43　岡山県の農業地域類型・市町村区分図

る条件不利農地が多く存在しています。

3）農家数の変化

　2000（平成12）年の総農家数は9万53戸で、1995（平成7）年と比べて1万193戸（10.2％）減少しており、一貫して減少傾向にあります。しかも、販売農家のうち副業的農家（65歳未満の自営農業従事60日以上の者がいない農家）が70％を占めており、農業生産の中核を担う農家数が急激に減少しています。

4）高齢化が進む農家世帯員

　2000（平成12）年の農家人口（販売農家の総世帯員数）は26万2,712人で、1995（平成7）年に比べて4万261人（13.3％）減少しました。

表2-11　農業地域類型別基準指標

農業地域類型	基　準　指　標
都市的地域	○可住地に占めるDID*面積が5％以上で、人口密度500人以上またはDID人口2万人以上の市町村 ○可住地に占める宅地等率が60％以上で、人口密度が500人以上の市町村。ただし、林野率80％以上のものは除く。
平地農業地域	○耕地率20％以上かつ林野率50％未満の市町村。ただし、傾斜20分の1以上の田と傾斜度8度以上の畑の合計面積の割合が90％以上のものを除く。 ○耕地率20％以上かつ林野率50％以上で、傾斜20分の1以上の田と傾斜度8度以上の畑の合計面積の割合が10％未満の市町村。
中間農業地域	○耕地率20％未満で、「都市的地域」および「山間農業地域」以外の市町村。 ○耕地率20％以上で、「都市的地域」および「山間農業地域」以外の市町村。
山間農業地域	○林野率80％以上かつ耕地率10％未満の市町村。

＊DID：densely inhabited district　人口集中地区

　年齢別に見ると、農家人口に占める割合は29歳以下が28％、30～59歳が34％、60歳以上が39％で、うち65歳以上の高齢者階層が31％を占めており、1995（平成7）年から4.0ポイント高まりました。

　また、基幹的農業従事者は4万7,678人で、1995（平成7）年に比べて5,395人（10.2％）減少しました。これを年齢別に見ると、65歳以上の者の割合が69％と7割近くを占め、10ポイント以上増加しました。農業従事者の高齢化が相当なスピードで進行しており、労働資源の観点から見て、大きな問題を抱えています。

5）農業粗生産額

　農業粗生産額は、1992（平成4）年に1,800億円であったものが、1999（平成11）年には1,406億円へと21.9％減少しており、一貫して減少傾向にあります。また、農業粗生産額の部門別割合は、米が32％、野菜が15％、果実が12％、花卉が3％、工芸作物が2％、その他の耕種作物が6％、酪農が10％、鶏が15％、その他の畜産が5％となっています。その結果、農業粗生産額のうち、耕種部門が70％、畜産部門が30％を占めています。

6）収益性の低下

　水稲（10アール）当たり所得は、1994（平成6）年に6万5,333円であったものが、1999（平成11）年には3万3,098円へと低下（49％低下）しています。ま

た、卸売市場（岡山県内）における野菜の平均価格は、1994（平成6）年に219円（1kg当たり）であったものが、1999（平成11）年には201円（1kg当たり）へと低下しています。このように、農産物全般において収益性が低下傾向にあり、農業所得（1戸当たり）は、1994（平成6）年に93万9,800円であったものが、1999（平成11）年には57万9,600円へと38％も低下しています。

7）鳥獣害

近年、農業生産を巡る困った問題として、野生鳥獣による農作物被害があります。2000（平成12）年の岡山県における獣類による農作物被害面積は2,973haあり、その内訳は、イノシシが1,760ha、サルが328ha、シカが323haとなっていて、中国四国地域の中でも、岡山県の被害面積が一番多くなっています（農林水産省調べ）。収穫直前の農産物が鳥獣により食い荒らされるため、農家にとっては、金銭面での被害だけでなく、精神的にも大きな負担となっています。

鳥獣害が増えた要因として（中山間地域農家へのアンケート：複数回答）、以下の点が挙げられています。第1位は「狩猟期間の短縮・禁漁区の拡大・狩猟者の減少」で49％、第2位は「山林の管理放棄」で43％、第3位は「魚や獣が住んでいた場所の開発」で37％、第4位は「高齢化・過疎化による耕作放棄地の増大」で34％、第5位は「天敵の減少により死亡率が減少したための増殖」で16％、第6位は「生活廃棄物（残飯）の増加」で12％となっています。

8）耕地面積の減少

耕地面積は、1992（平成4）年に8万4,000haあったものが、2000（平成12）年には7万3,800haへと1万200ha（12.1％）減少しています。その要因としては、宅地等への転用や耕作放棄等の人為的かい廃が主因であり、農業生産の基盤条件である農地資源は、一貫して減少傾向にあります。さらに、耕地利用率は、1994（平成6）年の95.9％から、1999（平成11）年の85.6％へと10.3ポイント低下しており、耕地面積が減少するだけでなく、耕地利用率も低下していることは、農業生産力の観点から深刻な問題です。

9）中山間地域対策

中山間地域では、農地条件が悪く、かつ高齢化が進行しており、非常に厳しい農業生産状況にあります。また一方では、中山間地域の農地は、農業生産活

動による国土の保全、水源涵養等の公益的機能の発揮を通じて、国民全体の生活基盤を守る重要な役割を果たしています。このようなことから、中山間地域等における耕作放棄地の発生を防止して公益的機能を確保するため、2000（平成12）年度から中山間地域等直接支払制度が施行されました。

　岡山県では、本制度による対象面積（2001（平成13）年度）は、田が1万5,694.6ha、畑が1,657.6ha、草地が209ha、採草放牧地が119haとなっており、合計で1万7,680.1haとなります。これは、耕地面積7万3,800haの24％に相当しており、このようにして、中山間地域農地資源の保全に努めています。

10）新しい農業の動き

　以上で見てきたように、収益性の低下、農村人口の減少と高齢化率の上昇、農作物に対する鳥獣被害の増大等が主要因となり、耕作放棄地面積が急増しています。このことは、食料自給率を低下させ、また、農業が持つ公益的機能（水源涵養、洪水防止、農村景観等）の水準を低下させることとなります。

　問題解決に向けた新たな取り組みとして、①農産物直売等の新しいマーケティング方法の導入、②農産加工による付加価値増大を図る、③都市住民との交流による農村文化・歴史の保存や継承等の対策が実施されています。こうした取り組みを通じて、農村地域を活性化し、農地資源の保全管理水準を向上し、食料自給基盤の強化を図っていくことは緊急な課題です。

参考文献

1） 福田稔、目瀬守男（編・著）『岡山県農業論』明文書房、1985。
2） 岡山県農林水産部『活力にあふれたおかやまの農林漁業』岡山県農林水産部、1991。
3） 目瀬守男、佐藤豊信、甲田斉、坂本定禧（編・著）『国際化時代における岡山県農業・農村の活性化』明文書房、1998。
4） 岡山県農林水産部『21おかやま農林水産プラン』岡山県農林水産部農政企画課、1999。
5） 岡山県教育委員会（監修）『おかやまの農林水産業』おかやまの農林水産業編集委員会、2000。
6） 中国四国農政局統計情報部『岡山県農林水産業の動き』岡山農林統計協会、2001。
7） 岡山県農林水産部『グリーンホリデイおかやま』岡山県農林水産部農政企画課農山漁村活性化推進班、2001。

2－9 化学物質

(1) 化学物質と環境
1) 化学物質による環境問題
　第1章に述べられているように、私たちの地球は、岩石、土、水、大気、太陽光などの物理的環境を基盤として、微生物、植物、動物などの生物が調和を保ちながら生態系を作り上げています。この生態系は、本来、簡単に壊れるものではないのですが、私たち人類が便利で快適な生活をめざして使用している数万種にも及ぶ化学物質により、生態系のバランスが崩れようとしています。
　現在、地球環境問題といわれているものには、「地球温暖化」、「オゾン層破壊」、「酸性雨」、「森林の減少」、「砂漠化」、「野生生物種の減少」、「海洋汚染」、「有害廃棄物の越境移動」、「開発途上国の公害問題」があります[1]。これらの地球環境問題は、おもに先進国における化石エネルギーの大量使用、化学物質の大量使用による高度な経済活動に起因しており、直接および間接的に化学物質が関係しています。すなわち、化石燃料の大量使用は、二酸化炭素による「地球温暖化」、硫黄酸化物などによる「酸性雨」の問題を引き起こし、化学物質の大量使用はフロンによる「オゾン層破壊」を引き起こし、さらには「野生生物種の減少」、「海洋汚染」、「有害廃棄物の越境移動」、「開発途上国の公害問題」に関係しています。化学物質というと、公害問題やヒトへの健康被害を思い浮かべますが、化学物質は地球環境問題に深く関係しており、化学物質の適切な管理が緊急の課題となっています。
2) 化学物質の種類
　化学物質は、無機化合物と有機化合物に分類されます。これらの化合物は、構造や性質によりさらに細かく分類することが可能ですが、環境の汚染を考える場合には、学術的な分類よりも、毒性や用途により分類される場合の方が多くあります。
　環境汚染を考えて化学物質を分類すると、重金属類、農薬類、有機塩素化合物、揮発性有機化合物（VOCs：Volatile Organic Compounds）、残留性有機汚染

物質（POPs：Persistent Organic Pollutants）、ダイオキシン類、内分泌かく乱化学物質、多環芳香族炭化水素類（PAHs：Polycyclic Aromatic Hydrocanbons）などに分けることができます。また、工業物質、意図的生成物、非意図的生成物という分け方をすることもできますが、これらは便宜上の分類であり、厳密に分類することは困難です。

重金属類は、カドミウム、鉛、クロムなど比重が5以上の重い金属の総称で、アルミニウムのような軽い金属よりも毒性が強いことから、環境汚染が問題となっているものです。

農薬類には、殺虫剤、殺菌剤、除草剤、殺鼠剤、植物成長調整剤などがありますが、化学構造から見ると、無機金属系（ヒ素剤など）、有機金属系（有機スズ剤など）、有機リン系（マラチオン、スミチオンなど）、有機窒素系（パラコート、アトラジンなど）、有機塩素系（クロルデン、DDTなど）、有機硫黄系、有機フッ素系、有機臭素系などに分けることができます[2]。

有機化合物は種類が非常に多く、完全に分類することはできません。有機塩素化合物はフロンの原料などとして使用されているクロロホルムや四塩化炭素のほかに、金属洗浄剤として使用されているトリクロロエタン、トリクロロエチレンやテトラクロロエチレンなどがあります。農薬にも有機塩素化合物がありますが、ダイオキシン類も化学構造から見ると有機塩素化合物に分類されます。

室内環境汚染が問題となっているホルムアルデヒドなど低分子量の有機化合物は、一般に揮発性が高いことから、揮発性有機化合物（VOCs）として分類されますが、化学構造から芳香族炭化水素として分類されるベンゼンやトルエンもVOCsの仲間です。

残留性有機汚染物質（POPs）とは、①人の健康や環境に対する有害性、②環境中への蓄積性、③食物連鎖による生物濃縮性、④大気や水により長距離移動する、といった4つの性質を持つ有機化学物質のことをいい、アルドリン、ディルドリン、PCB、ダイオキシン類、DDTなど12種類の物質が指定されています。

内分泌かく乱化学物質は多種多様であり、ダイオキシン類、ベンゾ〔a〕ピレンなどの非意図的生成物、アルキルフェノール、ビスフェノールAなどのプラ

スチック原料や添加剤、2,4,5-トリクロロフェノキシ酢酸（2,4,5-T）、DDT、有機スズなどの農薬や殺虫剤、カドミウム、鉛などの重金属など70種類以上の化学物質について内分泌かく乱作用が疑われています[3]。

多環芳香族炭化水素類（PAHs）は芳香環（二重結合を持つ環状の化合物）がいくつか結合した化合物で、人工的にも合成されますが、物の燃焼などによっても生成し、食品の焼けこげの中やタバコの煙の中にも含まれています。PAHsの中にはベンゾ[a]ピレンを始めとして発ガン性を持つものが多くあります。

3）化学物質の利用

環境問題を考えるときに、化学物質は悪者と考えられてしまいますが、図2－44に示すように、化学物質は産業分野のみならず、日常生活においてもさまざまな形で使用され、現在の私たちの生活を支えています[4]。製品を製造するためには、原料の化学物質（石油製品や金属など）が必要なだけでなく、機械を動かす潤滑油、防錆剤、溶剤、塗料なども必要です。また、農薬、医薬品、食品添加物、合成洗剤などは製品そのものが化学物質ですが、私たちの生活になくてはならないものとなっています。

化学物質は、限られた状態で環境中に放出されないように使用することがで

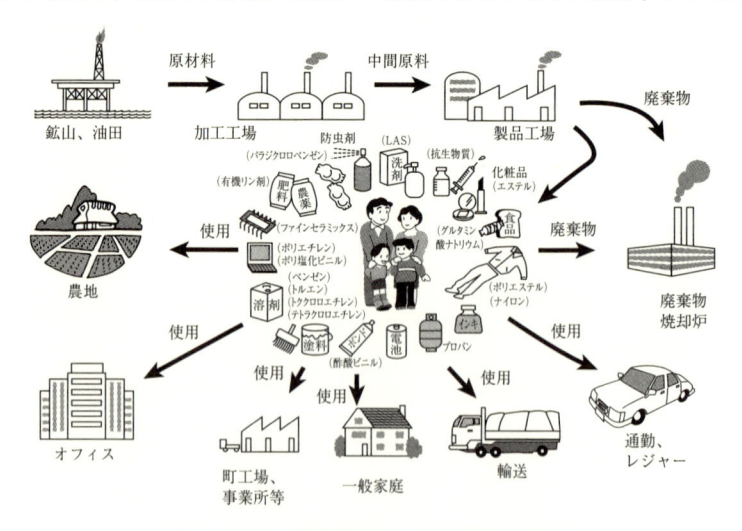

図2－44　化学物質に支えられた現在の生活
出所：環境省編、『平成14年版環境白書』、㈱ぎょうせい、2002環境白書。

きれば、これほど有用なものはないのですが、製品の製造、流通、使用、廃棄の段階で、意図するしないにかかわらず、環境中に出て行ってしまいます。このことが化学物質による問題を引き起こしているのですが、私たちは、化学物質の危険性だけに目を奪われず、その有用性も十分に認識した上で、適切な利用方法を求めてゆく必要があります。

4）化学物質の環境動態

　化学物質は製品の製造過程で環境中に放出されるだけでなく、製品の使用、廃棄の過程でも環境中に放出されます。また、山火事や火山の噴火など自然界からも生成するだけでなく、人工の無害な化学物質が環境中で有害な化学物質に変換されることもあります。環境中に放出された化学物質は、太陽光や水中での化学反応あるいは微生物などにより速やかに分解される場合もありますが、あまり分解されずに環境中に残留し、食物連鎖を通じて生物の体内に蓄積されるものもあります。図2－45に化学物質の環境中での挙動を示しました。

　化学物質の環境動態を考える場合、環境中への排出量の推定、化学物質の水への溶けやすさなどの性質、気相、水相および固相への分配量、各相における物理化学的変換、生物体内への取り込みおよび代謝と蓄積、環境中微生物による分解、などを検討しなければなりません。実際、一部の化学物質に関しては、

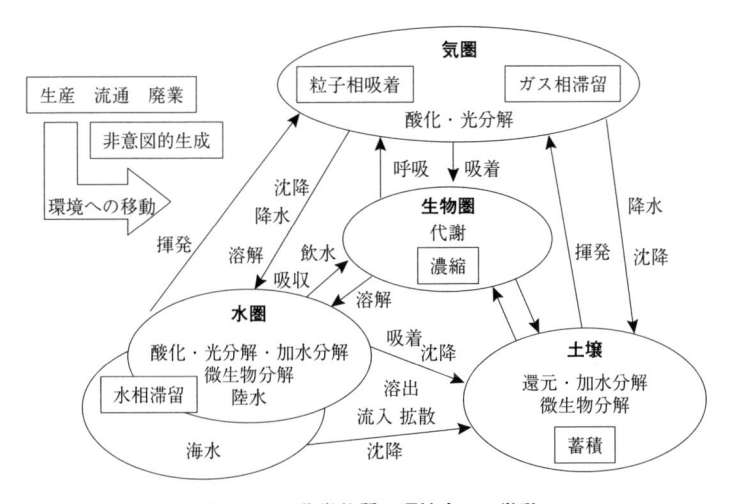

図2－45　化学物質の環境中での挙動

環境中濃度の測定、生物体内濃度の測定等を通じて、環境中挙動の解明が精力的に進められています。

5）化学物質のヒトへの影響

環境中における生態系への影響や蓄積性、ヒトや生物に対する毒性の解明が不十分なまま、多くの化学物質が使用されてきました。そのことが、現在の化学物質問題の1つの要因となっています。化学物質の生物への影響は、大気、水、土壌などの環境媒体中の濃度と化学物質の性質および生物の感受性の違いなどにより、簡単に評価することはできません。

ヒトが化学物質と接触することを暴露といいます。ヒトが化学物質に暴露される経路を図2－46に示しました。図に示したように、ヒトは日常生活においてさまざまな化学物質に暴露されていますが、人の健康が害されるかどうかは、化学物質の性質と暴露量に関係します。化学物質の有害性は暴露量と毒性の積で考えなければなりません。いくら有害な化学物質でもヒトが暴露を受けることがなければ問題とはなりません。反対に、例えばほとんど毒性のない食塩であっても、大量に摂取すれば死に至ることもあります。

化学物質のヒトへの影響は、大量暴露による急性の影響と、少量で長期間にわたる暴露による慢性の影響があります。労働現場における被害と公害被害は急性影響と考えることができますが、近年は発ガンや内分泌かく乱など、低濃度で長期間にわたる暴露が問題となっています。急性影響は比較的原因を突き止めやすいのですが、慢性影響は原因物質が分かりにくいという特徴がありま

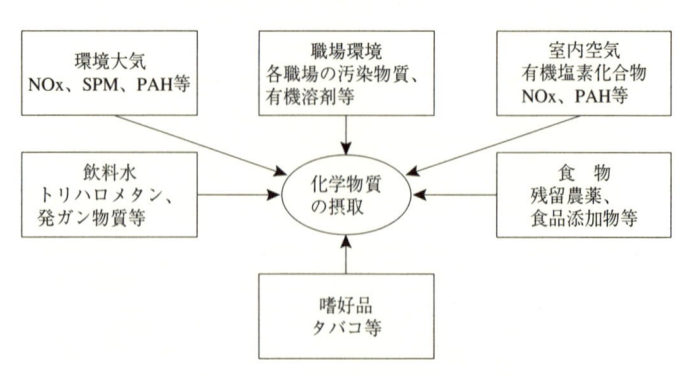

図2－46　ヒトが化学物質に暴露される経路

す。化学物質の毒性を調べるためにさまざまな試験が行われています。試験の項目は、急性毒性、慢性毒性試験のほか、変異原性試験、発ガン性試験、催奇形性試験、繁殖毒性試験などがあります[5]。しかしながら、人工的に合成される化学物質に加え、自然環境中で化学変換や微生物による変換を受けて生じる無数の化学物質のすべてについて、毒性を知ることは困難です。実際、化学物質の毒性についての情報は十分とはいえないのが現状です。

(2) 化学物質による環境汚染

1) 公害問題

　日本における化学物質による環境汚染は、多くの公害問題として浮かび上がりました。古くは、足尾鉱毒事件があります。栃木県に位置する足尾銅山は銅金属を産出する鉱山であり、1885（明治28）年に洋式製錬法を導入してから、付近の河川に排出された重金属やヒ素を含む廃水と亜硫酸ガスによって、農作物の枯死や、川魚の死滅および農民や漁民の健康被害が発生しました。同じように、重金属などを含む鉱山からの廃水や製錬の煙により、被害が発生した例として、愛媛県の別子銅山、岐阜県の神岡鉱山、茨城県の日立鉱山、宮崎県の土呂久鉱山などがあります[6]。

　日本は1910（明治43）年以降急速に重化学工業が発展し、工場排ガスによる煙害、工場廃水による水質汚濁などが発生しました。また、1930年代に入ると戦争による重化学工業発展の影響もあって、公害問題はますます深刻になりました。さらに、1950年代以降、第二次世界大戦後の高度経済成長期には大規模な工業地帯の出現、石油コンビナートの立地などにより、公害は規模を拡大し、被害も重大なものとなりました。紙面の関係で詳細は専門書[6]に譲りますが、工場廃水に含まれていたメチル水銀化合物による熊本水俣病、新潟水俣病、工場排ガスに含まれていた亜硫酸ガスを主体とする煤煙による四日市ぜんそく、鉱山廃水に含まれていたカドミウムによるイタイイタイ病など、大規模な被害が発生しました。

　岡山県の公害問題は、水島コンビナートの大気汚染がよく知られています[7]。水島はかつて、浅海漁業とイ草や蓮根などの生産で栄えた風光明媚な農漁村地

帯でした。戦後、高度経済成長政策のもと、岡山県の工業振興の要を担って新産業都市が整備され、1958（昭和33）年以降次々と石油化学工場などが造られました。その後、地域住民に慢性気管支ぜんそく、肺気腫、慢性気管支炎などの症状が出始め、多くの人命や健康、豊かな自然環境を損なう事態が進行しました。同時に、魚の大量死や異臭魚問題も発生し、工場排ガス、廃水による公害問題が表面化しました。当時の亜硫酸ガス（二酸化硫黄）濃度は最高0.5ppm程度もあり、現在の大気環境基準値の10倍以上の値が検出されています。また、当時の工場排水中のCODや油分などは数100ppmあったということで、工場の生産工程から考えると多種類の有機化学物質が含まれていたものと考えられます[7]。

2）大気汚染

化学物質による大気汚染の原因は、工場の事故により汚染物質が大気中に拡散する場合、化石燃料の燃焼により化学物質が放出される場合、自動車、航空機などの移動発生源から排出される場合、製品の生産や使用、廃棄の過程で排出される場合があります。

岡山県における大気汚染の状況は、全国的な傾向とほぼ同じであり、水島コンビナートの工場排ガスによる大気汚染は、排ガス処理技術の進歩により大幅に軽減されました。汚染物質別に見ると、二酸化硫黄濃度は昭和40年代をピークに著しく低下し、現在は環境基準値（0.04ppm）の1/2程度の濃度で推移しています。一方、近年の自動車交通量の増加に伴い二酸化窒素排出量が増大する傾向にあり、二酸化窒素の環境中濃度は環境基準値（0.006ppm）に近い値となっており、やや上昇傾向にあります[8]。

光化学オキシダントは、窒素酸化物（NOx）や炭化水素（HC）を主体とする大気汚染物質が、太陽光線の照射を受けて光化学反応により二次的に生成されるオゾンなどの総称で、強い酸化力を持ち、目やのどへの刺激や呼吸器へ影響を及ぼし、農作物などにも被害を与えます。岡山県では、県内すべての測定局で環境基準が達成されていません。

酸性雨はpHが5.6以下の雨のことです。酸性雨の原因物質は硫黄酸化物、窒素酸化物などですが、発生源から遠く離れた地域で降下する場合もあり、国境

表2−12 平成12（2004）年度酸性雨調査結果（年平均値）

調査地点	平成12年度	過去の測定結果 （平成2年度〜）
倉敷地方振興局	4.6	4.6〜4.9
阿新地方振興局	4.7	5.1〜5.6
勝英地方振興局	4.6	4.6〜5.0
吉備高原都市	4.5	4.6〜4.8
年 平 均 値	4.6	4.7〜4.9

出所：岡山県、『平成13年版岡山県環境白書』、岡山県、2001。

を越えた汚染が問題となっています。岡山県の酸性雨調査結果を表2−12に示しました[8]。岡山県でも酸性雨の影響を受けていますが、水島工業地帯がある倉敷地区の雨の酸性度が高いというわけではありません。中国の工場から排出される硫黄酸化物などが偏西風に乗って日本にやってきて、酸性雨を降らしているのではないかと考えられています。

近年、低濃度で大気中に存在する多様な化学物質が問題となっています。岡山県では、県下8地点においてベンゼン等19物質を対象に環境調査が実施されており、トリクロロエチレンおよびテトラクロロエチレンについては、8地点すべてにおいて環境基準が達成されていますが、ベンゼンについては、ほとんどの地点で環境基準が達成されていません[8]。

地球温暖化問題は化学物質による汚染とは別の問題として取り扱われていますが、問題を引き起こしている物質は、人為的に排出された二酸化炭素、メタン、一酸化二窒素、代替フロン等の温室効果ガスであり、化学物質が主要な原因となっています。地球温暖化については多くの成書があるので参考にしてください[9]。

地球温暖化と同様に地球環境問題の1つである、オゾン層の破壊はクロロフルオロカーボン（CFC）、ハイドロクロロフルオロカーボン（HCFC）、消火剤のハロン、くん蒸剤の臭化メチル、脱脂剤として使用された有機塩素化合物などにより引き起こされています。現在、種々の規制が行われていることから、フロンや臭化メチルの大気中濃度は減少しています。しかし、ハロンの規制が遅れたこと、オゾン層破壊物質が成層圏に入るのに10年以上かかること、二酸化

炭素などの温室効果気体が増えると成層圏の温度が低下し、これが低温時ほど進みやすいオゾン層破壊を促進し、オゾン層の回復を遅れさせる可能性があることなどの理由により、オゾン層破壊のピークは2020（平成22）年に出現するという予測もあります。

3）水系汚染

　化学物質による水系汚染の原因としては、工場排水中に含まれる化学物質による汚染、不適切な取り扱いや事故による化学物質の流出、廃棄物最終処分場の浸出水による汚染、家庭用洗剤等による汚染、化学製品からの漏出、塩素消毒により非意図的に生成するトリハロメタンによる水道水汚染などがあります。公害問題の項でも述べましたが、高度経済成長期には、メッキ工場からシアンを含む排水が放出され、魚が水面に浮き上がるなど、工場の排水に含まれる化学物質による水系汚染が問題となりましたが、水質汚濁防止法で工場排水が規制されたことから、環境基準値を超えるような汚染はほとんどなくなっています。地下水の汚染機構については、2－4（7）「地下水汚染」の項を参照して下さい。

　地下水は、飲用水や工業用水などに広く活用されています。しかしながら、昭和50年代後半から、洗浄剤として使用されたトリクロロエチレン等による地下水汚染が問題となってきました。トリクロロエチレンやテトラクロロエチレンによる地下水汚染は、ドライクリーニングや金属の油落としなどに使われたものが、床にこぼれ、敷地内の土壌にしみ込んで地下水まで達したものと考えられています。現在、環境基本法に基づき、26項目について「地下水の水質汚濁に係る環境基準」が設定され、監視が行われています。

　岡山県でも、地下水の監視が行われていますが、時々環境基準を超える化学物質が検出される場合があります。また、また、過去に汚染が確認された場所8地点で継続的なモニタリングが行われていますが、ほとんど改善していません。地下水は流速が遅く、希釈や分解による除去が期待できないため、汚染されると回復が困難であると考えられています。地下水汚染の規制が始まったのは1989（平成元）年であり、規制以前に地下水が汚染され、その汚染がいまだに続いているのが現状です[8]。

4）土壌汚染

　土壌汚染には、自動車や工場排ガス、廃棄物焼却場の排煙に含まれる重金属等が直接堆積したり、除草剤や殺虫剤の散布により起こる一次汚染と、水系の汚染や大気汚染を通じて起こる二次汚染とがあります。土壌を汚染した化学物質は移動しにくいことから、局所的な汚染が長期間にわたって続くという特徴があります。土壌汚染は土地が私有地であることが多く、これまで調査がほとんど行われていなかったので、汚染の実態が分かりませんでしたが、地下水汚染の監視結果から、土壌汚染の事例が数多く報告されるようになりました。現在、農用地ではカドミウムの汚染が問題となっており、市街地では、鉛、ヒ素、六価クロムなどに加え、トリクロロエチレンやテトラクロロエチレンによる汚染が報告されています。土壌汚染と地下水汚染は密接に関連しており、今後も監視が必要となっています。

5）食品汚染

　化学物質による食品汚染の原因として、不良な食品添加物の添加、事故または故意による汚染、農薬の残留、環境汚染が原因の汚染、容器・包装等からの化学物質の移行、食品中成分の化学反応による有害物質の生成などがあります。食品衛生法で認められた化学物質以外の添加物が使用され問題となったこともあります。また、残留農薬も問題となっており、特に輸入農作物には、日本では使用が禁止されている農薬が含まれていたり、高濃度の防腐剤が含まれていたりして問題となっています。

　化学物質による食品汚染で大きな問題となったものに、ヒ素ミルク事件とPCB油症事件があります[5)6)]。ヒ素ミルク事件は、1955（昭和30）年に岡山県を中心にヒ素の混入した粉ミルクが販売され、乳児に亜急性中毒が発生した事件です。知能障害など神経症状を中心とする後遺症が報告されていますが、このときは、西日本を中心に中毒者1万人以上、死者131人が出ています。油症事件は、1968（昭和43）年の1月から2月にかけて、熱媒体として使われていたPCBが、パイプの穴からライスオイルという商品名の食用油の中に混入し、福岡、長崎県を中心とする西日本一帯を中心として被害が出たものです。その他、缶ジュースや缶詰の缶のメッキに用いられたスズが溶け出して中毒が発生した

例などもあり、前述の水俣病、イタイイタイ病などの公害病も含めて、化学物質による健康被害には食品汚染が直接の原因となったものも多くあります。

6）室内空気汚染

近年、いわゆるシックハウス症候群や化学物質過敏症が問題となっています。これは、揮発性有機化合物（VOCs）による室内環境の汚染が原因と考えられているアレルギー様の反応の一種で、さまざまな健康影響がもたらされますが、その病態をはじめ、実態に関する科学的な議論はまだ十分ではありません[4]。

私たちの生活空間には、合板、ボード、壁紙、建材、洗剤、ワックス、塗料、布製品、家具、殺虫剤、農薬、粘着剤、接着剤、化粧品、芳香剤などから発生する化学物質のほかに、燃焼、喫煙などから発生する化学物質が存在していますが、近年、住宅が高気密化され換気率の低い室内空間が多くなったことから、これらの化学物質が室内に蓄積されています。表2－13には厚生労働省が示した室内空気汚染物質の指針値を示しました。厚生労働省の1998（平成10）年度の調査ではこの表以外の物質も含め、43物質が室内環境から検出されました。

表2－13　室内空気汚染物質の指針値

化合物名	室内濃度指針値	発生源
ホルムアルデヒド	100 $\mu g/m^3$　（0.08ppm）	合板、壁紙用接着剤、家具
トルエン	260 $\mu g/m^3$　（0.07ppm）	塗料、施工用接着剤
キシレン	870 $\mu g/m^3$　（0.20ppm）	塗料、施工用接着剤
パラジクロロベンゼン	240 $\mu g/m^3$　（0.04ppm）	衣類防虫剤、トイレ芳香剤
エチルベンゼン	3,800 $\mu g/m^3$　（0.88ppm）	接着剤、塗料
スチレン	220 $\mu g/m^3$　（0.05ppm）	断熱材、浴室ユニット、畳心材
クロルピリホス	1 $\mu g/m^3$　（0.07ppb）	防蟻剤、防虫剤
フタル酸-n-ブチル	220 $\mu g/m^3$　（0.02ppm）	塗料、顔料、接着剤、防腐剤
テトラデカン	330 $\mu g/m^3$　（0.04ppm）	灯油、塗料溶剤、防腐剤
フタル酸ジ-2-エチルヘキシル	120 $\mu g/m^3$　（7.6ppb）	壁紙、床剤、各種フィルム
ダイアジノン	0.29 $\mu g/m^3$　（0.02ppb）	殺虫剤
アセトアルデヒド	48 $\mu g/m^3$　（0.03ppm）	接着剤、防腐剤
フェノカルブ	33 $\mu g/m^3$　（3.8ppb）	防蟻剤、害虫駆除薬
総揮発性有機化合物（TVOC）暫定目標値	400 $\mu g/m^3$	合板、壁紙用接着剤、家具

出所：厚生労働省「シックハウス（室内空気汚染）問題に関する検討会」の室内濃度に関する指針値（2002年）。

7）廃棄物と化学物質

　私たちの身の回りの製品のほとんどは、化学物質を原料として作られています。また、工業製品や家庭用品の中には製造過程で添加される金属触媒や有機化合物が高濃度で含まれていることもあります。これらの化学物質は、製品として使われているときには安定に製品内に閉じこめられていますが、廃棄物として排出された後に環境中に放出されることがあります。

　焼却処理では、廃棄物中の重金属類が排ガス中に移行するだけでなく、焼却によりダイオキシン類が生成することはよく知られています。一方、埋立処理された場合には、埋立地で長期間雨水等にさらされることにより、廃棄物中の化学物質、または埋立後に分解によって生成した化学物質が排出されることがあります。実際、埋立地から生じる浸出水を処理している管理型処分場からの浸出水だけでなく、性質が安定している廃棄物しか受け入れないので、化学物質の浸出はほとんど無いとされている安定型処分場の浸出水中からも、多種類の重金属をはじめ、内分泌かく乱化学物質や有害有機化合物が検出されています。

8）ダイオキシン類による汚染

　ダイオキシンはポリ塩化ジベンゾパラジオキシンの通称ですが、これにポリ塩化ジベンゾフランとコプラナーPCBを含めてダイオキシン類と定義されています。ダイオキシン類には塩素の結合数や結合している位置が違う異性体がたくさんあり、毒性も違います。そこで、ダイオキシン類の濃度は実際の物質の濃度ではなく、異性体の毒性をダイオキシン類の中で最も毒性の強い2,3,7,8-四塩化ジベンゾパラジオキシンの毒性に換算した毒性等量（TEQ）で示します。また、ダイオキシン類の濃度は非常に低いので、1兆分の1（10^{-12}）を表す接頭語（ピコ）を用いてpg（ピコグラム）の単位で表示します。

　ダイオキシン類による環境の汚染は、大気、水質、土壌の各環境媒体内で起こっています。日本の大気中のダイオキシン類濃度は、大都市地域で1 pg-TEQ/m^{3}程度です。この濃度はアメリカやドイツの都市部の10倍程度の値であり、日本のダイオキシン類濃度は異常に高い値を示しています[3]。日本におけるダイオキシン類の主な発生源は廃棄物の焼却炉でしたが、規制が強化された結果、環境中濃度は減少しつつあります。岡山県でも2000（平成12）年度に12

表2-14 ダイオキシン類の環境中濃度（2000（平成12）年度）

環境媒体	岡山県 地点数	平均値	濃度範囲	全国 地点数	平均値	濃度範囲	環境基準
大気 (pg-TEQ/m³)	12	0.13	0.043～0.62	920	0.15	0.0073～1.0	0.6
公共用水域 (pg-TEQ/l)	97	0.14	0.063～0.90	2,116	0.31	0.012～48	1.0
地下水質 (pg-TEQ/l)	46	0.086	0.065～0.30	1,479	0.097	0.00081～0.89	1.0
公共用水域底質 (pg-TEQ/g)	86	6.0	0.088～130	1,836	9.6	0.0011～1,400	(未設定)
土壌 (pg-TEQ/g)	46	0.65	0.00045～4.6	3,031	6.9	0～1,200	1,000

出所：『平成14年度版環境白書』および『平成13年版岡山県環境白書』をもとに著者（井勝久喜）が作成。

か所で大気中のダイオキシン類の測定が行われた結果、濃度範囲が0.043～0.62pg-TEQ/m³であり、依然環境基準の0.6pg-TEQ/m³が達成できていない箇所もありました[8]。

　土壌中のダイオキシン類濃度は、過去に使用されていた農薬に不純物として含まれていたダイオキシン類による水田土壌の汚染、廃棄物焼却場近くの土壌の汚染が問題となっています。土壌を汚染した化学物質は移動しにくいことから、汚染が長期間にわたって続いている例といえます。

　岡山県におけるダイオキシン類の環境中濃度の測定結果を、表2-14に示しました[4)8)]。参考のために日本全国の測定結果も示しましたが、岡山県の環境中ダイオキシン類濃度の平均値は、土壌を除いて、ほぼ全国平均値と同じ値を示しています。土壌については、全国平均よりかなり低い値となっています。地域別に見ると、玉野市で大気、土壌の最高値が検出されています。公共用水域および地下水は、岡山市および倉敷市などの都市部で高い値を示しています。倉敷市および岡山市を流れる河川で高いダイオキシン類濃度が検出されたことから、継続した監視が行われています。河川水では環境基準値を超えることはなくなったようですが、底質中には依然高い濃度でダイオキシン類が存在しています。

9）農薬による汚染

　農薬類は対象とする生物のみに作用するように作られています。しかし、その作用は生物に対する有害作用を利用していることから、ヒトが大量に摂取すると急性の中毒を引き起こすだけでなく、最近は低濃度での影響も懸念されて

います。農薬の問題点は、環境中で分解しにくいことから、長期間環境中に残留することです。これは、早く分解しすぎると農薬としての有効性が持続しないことからきているものです。また、油に溶けやすく水に溶けにくい性質を持っていることから、生物の脂肪部分に濃縮され、食べる側と食べられる側との連鎖関係としての食物連鎖において、食べる側の上位にいくほど濃縮されていき、影響が大きくなります。

　農薬使用の増加に伴い、BHC、DDT、ディルドリン等による食物および環境の汚染が社会問題化しましたが、農薬取締法の改正等による使用規制の強化などにより、残留性の高い農薬による環境汚染の問題は少なくなってきています。一方、最近はゴルフ場に散布される農薬による環境汚染が問題となっています。ゴルフ場では多種類の除草剤や殺虫剤などの農薬が使われており、ゴルフ場下流の河川や地下水が汚染される可能性があります。現在、35種類の農薬について「ゴルフ場で使用される農薬による水質汚濁の防止に係る暫定指導指針値」が定められています。岡山県には、54のゴルフ場がありますが、ゴルフ場の排水口とゴルフ場下流の河川で調査が行われています。その結果、ゴルフ場の排水口において、いずれも暫定指導指針値以下ですが、フルトラニル等11種類の農薬が検出されています。また、河川については、ダイアジノンが検出された箇所もありました[8]。

　農薬の使用は生理活性を有する物質を環境中に放出するものであり、今後とも、人体や環境に悪影響を及ぼすことのないよう、安全性を評価し、適正に管理していく必要があります。

10) 外因性内分泌かく乱化学物質（環境ホルモン）

　生体内で作られるホルモンは、血液などによって全身に運ばれ、発生、成長、繁殖などを制御をしています。ある種の化学物質はこのホルモン受容体に結合してしまい、ホルモンと同じような作用を示したり、正常なホルモン作用を妨害したりします。外因性内分泌かく乱化学物質（俗称：環境ホルモン）は、ホルモンの真似をして内分泌系をかく乱することから、この名前が付けられました。

　内分泌かく乱作用を示す疑いがある化学物質は、フェノール類、フタル酸エステル類、農薬類、PCBやダイオキシン類、有機スズ化合物、合成ホルモン剤

の6種類に分類できます。界面活性剤の原料などとして使用されているノニルフェノールや、プラスチックの原料や可塑剤として使用されているビスフェノールAやフタル酸エステル類などは、濃度は高くありませんが、私たちの身の回りを広く汚染しています。DDTやディルドリンなどの農薬類は種類が多く、環境中に直接散布されるので問題です。最近は、環境中での分解が早い農薬が使われるようになったので、環境汚染は少なくなりましたが、過去に使われたDDTなどは分解性が低く、環境中に広く分布しています。PCBやダイオキシン類などの、内分泌かく乱作用を持つと考えられている有機塩素系化合物も環境中に広く分布しています。特に、熱に強く、化学的に安定という性質から、変圧器（トランス）の絶縁油やノーカーボン紙などに用いられたPCBは環境中に大量に放出されてしまいました。PCBは環境中でほとんど分解せず、水や大気の循環に乗って地球上に広く広がっており、1993（平成5）年時点で1.3〜8.3万tが環境中を循環していると推定されています[11]。

　有機スズは、船底に海藻や貝類が付着するのを防止するために、船底塗料に混ぜて使われました。港内など船が多いところでは有機スズの濃度が高くなり、カキの成長に影響を与えたり、巻き貝のメスの体内にペニスが形成され雄性化する現象（インポセックスという）が見られたりしました。

　環境省は70を超える化学物質を内分泌かく乱作用を有すると疑われる物質としてリストアップしており、環境中濃度のモニタリングを行っています。岡山県でも、1999（平成11）年度から環境調査が実施されており、2000（平成12）年度は、24物質（群）を対象に、20地点（河川16地点、湖沼1地点、海域3地点）において、調査が実施されました。その結果、水質調査ではフタル酸ジ-2-エチルヘキシル等8物質が、底質調査ではPCB等16物質が検出されています[8]。検出濃度は非常に低濃度であり、直接毒性を示すことはありませんが、内分泌かく乱作用を持つ可能性のある化学物質が環境中に広く存在していることから、今後も十分な監視が必要です。

(3) 化学物質の管理

1) 化学物質管理の必要性

これまで述べてきたように、化学物質は地球の生態系の維持にとって、脅威となりつつあります。日本では1974（昭和49）年から、水質、大気、底質、生物などを対象として775の化学物質について環境汚染実態調査が行われました。その結果、環境中の濃度は低いものの、307物質が検出されました[4]。このことは、これまでの化学物質の管理方法が適切ではなかったことを示しています。

新しく製造されている化学物質の数を正確に把握することは困難ですが、日本においては、2001（平成13）年に322件の新規化学物質の製造・輸入の届出がありました[4]。このように増え続ける化学物質を適切に管理することができなければ、予期せぬ環境汚染が引き起こされる可能性があります。化学物質による環境汚染は、経済性が優先され大量に使用されたこと、環境の浄化能力を過大評価したこと、化学物質の危険性に関する情報が少なかったこと、使い方や処理の方法が適切でなかったこと、など多くの要因が原因となっています。したがって、これらの要因を排除しなければ化学物質による環境汚染を防ぐことはできません。

化学物質による暴露からヒトの健康を守ると同時に、生態系を守ることが求められていますが、そのためには、化学物質の適切な管理が必要です。

2) 化学物質の管理方法

化学物質による環境汚染や健康被害を未然に防ぐための取り組みが国際的に進められています。1992（平成4）年6月の環境と開発に関する国連会議（UNCED）において採択された行動計画「アジェンダ21」の中に、「有害かつ危険な製品の不法な国際取引の防止を含む有害化学物質の環境上適正な管理」として1章が割かれ、国際的に取り組むべき項目が示されました[4]。

日本においても、環境省、経済産業省、厚生労働省が中心となって化学物質管理政策が進められています。化学物質管理政策は、「化学物質に起因する公害や労働災害への対応としての規制」から「科学的方法論により未然にリスクを管理する時代」、つまり「安全のための管理の時代」を経て、「リスクコミュニケーションの時代」つまり「安心のために管理する時代」に変わってきていま

す[12]。化学物質を適性に管理するためには、化学物質による影響の評価（リスクアセスメント）と化学物質の有害な影響を回避するための管理（リスクマネージメント）が必要ですが、「安心のために管理する」ためには、化学物質の情報を一般市民が理解するためのリスクコミュニケーションが不可欠です。また、これらを総合的に推進し、化学物質による環境リスクを継続的に低減していくためには、法律による規制と自主的な管理を組み合わせることが必要です。

日本では、化学物質の製造等を規制する「化学物質の審査及び製造等の規制に関する法律」、化学物質の排出を規制する大気汚染防止法などの個別法、および、リスクコミュニケーションを推進するための「特定化学物質の環境への排出量の把握及び管理の改善の促進に関する法律」が、化学物質管理の柱となっています。化学物質の管理に関係するわが国の法律を表2－15に示しました。

化学物質審査規制法は、製造又は輸入の前にあらかじめ届け出られた新規の化学物質について、難分解性、高蓄積性および慢性毒性等の有無に係る審査を実施し、製造、輸入、使用等を規制する法律です。これにより、有害性や環境への蓄積性の高い化学物質の環境リスクを回避することができます。2001（平成13）年度末現在、第一種特定化学物質としてPCB等11物質、第二種特定化学物質としてトリクロロエチレン等23物質および指定化学物質としてクロロホルム等616物質が、それぞれ指定されています。なお、化学物質の審査・規制は、ヒトの健康の保護の観点から行われていましたが、生態系保全のための取り組みが必要との指摘がなされてきたことから、生態系の保全を目的とした化学物質の審査・規制の枠組みの導入が検討されています。

「人の健康や生態系に有害なおそれのある化学物質について、その環境中への排出量および廃棄物に含まれて事業所の外に移動する量を事業者が自ら把握し、行政に報告を行い、行政は、事業者からの報告や統計資料等を用いた推計に基づき、対象化学物質の環境中への排出量や、廃棄物に含まれて移動する量を把握し、集計し、公表する仕組み」のことを、環境汚染化学物質排出・移動登録制度（PRTR制度：Pollutant Release and Transfer Register）といいます。また、化学物質の管理に必要な情報を事業者間で提供することによりその管理を促進する方法として化学物質等安全データシート（MSDS：Material Safety Data Sheet）

表2−15 化学物質の使用等を規制する法律等

	法　　　律	概　　　要
製造	化学物質の審査及び製造等の規制に関する法律	化学物質が難分解性等の性状を有するかどうかを審査し、製造等を規制
	化学兵器の禁止及び特定物質の規制等に関する法律	毒性物質等の化学兵器の製造、所持、譲渡、および譲受けを禁止し、特定物質の使用等を規制
使用	特定化学物質の環境への排出量の把握等及び管理の改善の促進に関する法律（PRTR法）	特定の化学物質の環境への排出量等の把握に関する措置、特定の化学物質の性状および取扱いに関する情報の提供に関する措置等を講じ、化学物質の自主的な管理の改善を促進する
	農薬取締法	農薬について登録の制度、販売および使用の規制等
	毒物及び劇物取締法	毒物および劇物について、製造、輸入、販売等の取締を行う
	薬事法	医薬品、医薬部外品、化粧品等の有効性および安全性の確保のための規制
	食品衛生法	食品添加物の使用規制、農薬の残留基準
	飼料の安全性の確保及び品質の改善に関する法律	安全な飼料の製造、有害な物質を含む疑いがある飼料または飼料添加物の規制
	有害物質を含有する家庭用品の規制に関する法律	家庭用品について有害物質の含有量、溶出量または発散量に関し、必要な基準を定める
	消防法	危険化学物質による火災等の防止に関する規制
	火薬類取締法	火薬類の製造、販売、貯蔵、運搬、消費その他の取り扱いを規制
廃棄	特定製品に係るフロン類の回収及び破壊の実施の確保等に関する法律	特定製品からのフロン類の回収およびその破壊の促進等に関する指針および事業者の責務等を定め、特定製品に使用されているフロン類の回収および破壊の実施を確保
	ポリ塩化ビフェニル廃棄物の適正な処理の推進に関する特別措置法	ポリ塩化ビフェニル（PCB）廃棄物の保管、処分等について規制等を行い、PCBの処理体制を整備する
	廃棄物の処理及び清掃に関する法律	廃棄物の適正な分別、収集、運搬、再生、処分等の処理を推進し、生活環境の保全を図る
	海洋汚染及び海上災害の防止に関する法律	海洋への油、有害液体物質等および廃棄物等の排出を規制
	特定物質の規制等によるオゾン層の保護に関する法律	オゾン層破壊物質の製造の規制、排出の抑制および使用の合理化に関する措置等
	特定有害廃棄物等の輸出入等の規制に関する法律	特定有害廃棄物等の輸出、輸入、運搬および処分の規制

排出規制・基準等	環境基本法	環境の保全の基本理念。環境基準値の設定
	大気汚染防止法	ばい煙ならびに粉じんの排出を規制。有害大気汚染物質対策の実施の推進
	悪臭防止法	悪臭物質の排出規制と悪臭防止対策の推進
	水質汚濁防止法	公共用水域に排出される水の排出および地下に浸透する水の規制
	下水道法	下水道管理の基準の設定、下水への排除基準の設定により公共用水域の水質の保全に資する
	湖沼水質保全特別措置法	水質保全に関する施策の策定、水質の汚濁の原因となる物を排出する施設に係る必要な規制
	瀬戸内海環境保全特別措置法	特定施設の設置の規制、富栄養化による被害の発生の防止に関する特別の措置
	ダイオキシン類対策特別措置法	ダイオキシン類に関する施策の基本とすべき基準の設定、必要な規制、汚染土壌に係る措置
	農用地の土壌の汚染防止に関する法律	農地土壌の特定有害物質による汚染の防止措置等、農業土壌中の化学物質の基準値の設定
	水道法	清浄にして豊富低廉な水の供給。水道水基準値の設定
	労働安全衛生法	労働現場における化学物質暴露の防止
その他	地球温暖化対策の推進に関する法律	温室効果ガスの排出の抑制等
	自動車から排出される窒素酸化物及び粒子状物質の特定地域における総量の削減等に関する特別措置法	自動車から排出される窒素酸化物および粒子状物質の総量の削減に関する基本方針および計画の策定と実施に関する規制

の提供があります。日本では、PRTR制度とMSDS制度を柱として、事業者による化学物質の自主的な管理の改善を促進し、環境保全上の支障を未然に防止することを目的に、「特定化学物質の環境への排出量の把握及び管理の改善の促進に関する法律 (PRTR法)」が定められました。

PRTR法の制定により、化学物質の管理について市民、産業、行政が情報を共有し、対話などを通じて共通の認識を持つ基盤ができ上がりました。さらに、環境省では、情報の共有のため、『PRTRデータを読み解くための市民ガイドブック』の作成・配布や、化学物質の情報データベースのホームページの設置な

ど、化学物質に関する情報の整備・提供を進めており、化学物質による環境汚染に関して安全で安心な社会を実現をめざしています[4]。

3）化学物質使用の明と暗

われわれ人類は、豊かで便利な生活をめざして大量の化学物質を使用してきました。化学物質はもはや私たちの生活になくてはならないものになっています。私たちの生活において、化学物質を完全に排除できない以上、化学物質を毒性や危険性だけでむやみに怖がるのではなく、その化学物質の危険性を十分に理解し、上手に利用してゆかなければなりません。

一方で、化学物質による環境汚染と生態系への影響は非常に危険な状況にあることも事実です。このままでは、地球の生態系が被る被害は計り知れないものがあります。化学物質の高度な管理が必要とされる時代になっています。

参考文献
1）高月紘、仲上健一、佐々木佳代編『現代環境論』有斐閣ブックス、1996。
2）白須泰彦編「毒性試験講座17巻：農薬・動物用医薬品」地人書館、1991。
3）「化学」編集部『環境ホルモン＆ダイオキシン』化学同人、1998。
4）環境省編『平成14年版環境白書』㈱ぎょうせい、2002。
5）澤村良二、濱田昭、早津彦哉『環境衛生学』南江堂、1992。
6）神岡浪子『日本の公害史』世界書院、1987。
7）丸尾博『公害にいどむ―水島コンビナートとある医師のたたかい』新日本新書、1970。
8）岡山県『平成13年度版岡山県環境白書』岡山県、2002。
9）池田満之『温暖化防止と私たちのくらし』大学教育出版、2002。
10）安原昭夫『しのびよる化学物質汚染』合同出版、1999。
11）日本化学会編『どうする地球環境』大日本図書、1993。
12）富士総合研究所編『化学物質とリスク』オーム社出版局、2001。

その他参考となる本
・北野大、及川紀久雄『人間・環境・地球―化学物質と安全性』共立出版、1994。
・左巻健男『話題の化学物質100の知識』東京書籍、1999。
・酒井伸一『ごみと化学物質』岩波新書、1998。

第3章

地域環境と地球環境

3-1 地域環境と地球環境の相互関連性

　地球温暖化、酸性雨、オゾン層の破壊など、いろいろな地球レベルの環境問題が1972（昭和47）年スウェーデン・ストックホルムにおいて、国際政治の場で議論されるようになって、すでに30年経過しました。わが国においては「公害問題」という言葉が、次第に本来の意味を失い、「環境問題」という言葉に置き換えられつつあります。同時に地域における環境問題は、地球環境問題と比べると小さな問題として見られる傾向にあるように思われます。確かに地球環境問題は、その定義に見られるように、2国間以上にまたがる国際的な環境問題で、人類の生存に関わる大きな問題です。しかしこれらの環境問題の原因を考えると、私たち一人ひとりの環境問題についての認識のあり方、行動のあり方に関わっていることを知ることが大切です。

　かつての公害問題、例えば富山県神通川流域でのイタイイタイ病、水俣湾における水銀中毒事件、四日市の大気汚染によるぜんそく公害などは特定企業からの排水、排煙が直接的な原因となっていました。これらのいわゆる「公害」は、排水、排煙処理技術の進歩、普及と公害対策法案の整備とが相まって、人の生命に関わるほどの大きな問題を引き起こすことは稀になりました。

　今日の環境問題は、日常生活における行動が、生活様式のあり方が地域から地球規模の環境問題まで引き起こすようになってきました。より物質的豊かさを求める生活様式の変化は、資源・エネルギーの浪費を前提とする大量生産、大量消費、大量廃棄の社会を作り出してきました。その結果、さまざまな地域

の水質汚濁、大気汚染、土壌汚染などの原因となっています。またそれは同時に地球環境問題の原因ともなっているのです。日常生活のあり方が地域の環境を汚染し、地球規模にまで拡大していくという環境汚染の構造を理解することが大切です。地域の環境汚染と地球規模の環境汚染とは連続した構造になっており、地域の環境問題の解決なしに、地球環境問題の解決はあり得ないと考えます。地球環境問題に対して、私たちの行動の規範として掲げられている"Think Globally, Act Locally"とは「常に全地球規模の環境問題を念頭に置きながら、身近な地域での行動を起こしていく」という意識と行動の結びつきこそ、地球環境問題の解決に求められているのです。

3－2 環境対策と環境関連法

　わが国における主な環境関連法を挙げると、1967（昭和42）年に公害対策基本法が制定され、総合的な観点から公害問題を法的に規制することになりました。1972（昭和47）年には、環境庁が設置され、同じ年に自然環境保全法が制定され、環境行政の基本が決められました。1993（平成5）年には、公害対策基本法と自然環境保全法を統合した環境基本法が制定されました。これは環境汚染の質が都市・生活型に変化し、廃棄物問題、有害化学物質による環境汚染、さらに前述の地球環境問題など、環境問題の質が多様化し、従来の法体系の規制的な手法では対応が不十分になったためです。さらに、公害・環境対策に加えて、新しい環境創造の概念が法体系に盛り込まれるようになりました。

　環境基本法の第1章総則の目的、第1条には、「…環境の保全に関する施策を総合的かつ計画的に推進し、もって現在及び将来の国民の健康で文化的な生活の確保に寄与するとともに人類の福祉に貢献することを目的とする。」とうたわれています。そして本法律は国際的な連携のもとに他国と協力し、環境保全のための国際的な枠組み作りに貢献していくことを目的としています。前後して制定された国際的な取り組みとしては、ラムサール条約（1971（昭和46）年　重要な湿地保全を目的とする条約）、ロンドン条約（1972（昭和47）年　廃棄物

等の投棄による海洋汚染防止に関する条約)、ワシントン条約 (1973 (昭和48) 年 国際取引を規制して、絶滅のおそれのある野生動植物を保護することを目的とする条約)、ウィーン条約 (1985 (昭和60) 年 オゾン層保護のための国際的な協力をうたった枠組み条約)、モントリオール議定書 (1987 (昭和62) 年 オゾン層破壊物質を特定し、その消費・生産等を規定する議定書)、バーゼル条約 (1989 (平成元) 年 有害廃棄物の越境移動や処分を規制する枠組み条約)、気候変動枠組条約 (1992 (平成4) 年 温室効果ガスの排出および除去に関する目録作成等の義務を課する枠組み条約)、そのほかが相次いで決められ、1992 (平成4) 年のリオ宣言、アジェンダ21の行動計画が出され、2002 (平成14) 年南アフリカ、ヨハネスブルグ・サミットへと続いてきたのです。

　これらの法体系では、自国の環境を保全することと、国際的環境価値を守っていくことが同等なものとして、また逆に国際的な環境価値は個別の国家の価値、利益と一致するものと考えられるようになりました。地域の環境、1国の環境、世界の環境を保全することが1つのものとして考えていくことが重要視されるようになったのです。この多国間の重層的な環境問題の連関性を図3−

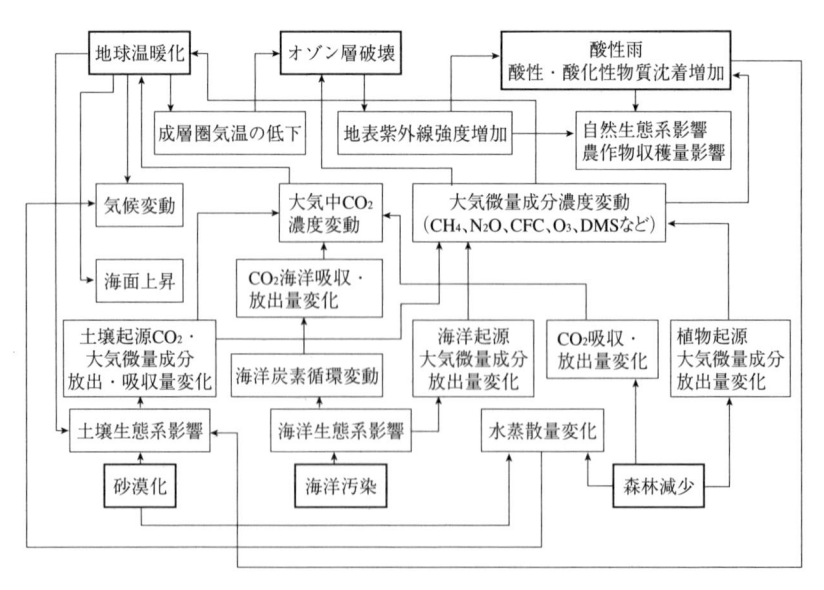

図3−1　地球環境問題の相互の因果関係[1]

1に示しています[1]。1972（昭和47）年、ストックホルムの地球サミットにおいて「Only One Earth（ただ1つの地球、かけがえのない地球）」がキーワードとして言われたのは、地球環境は国境のない、世界を1つのものとして考えていこうというメッセージであったと思います。

参考文献
1）茅陽一編『地球環境工学ハンドブック』オーム社、1372p、1991。

3-3　自然と人間との共生

　地球上には人間も含め多様な生物が存在していますが、現在の自然生態系は大地や大気、水などの物理的環境を基盤として、生物同士が共生しながら進化した結果として作り上げられたものです。この自然生態系は自浄能力を持って維持されているのですが、この能力には限界があります。一方、人間は社会の一員として生活しており、人間社会は自然生態系を基盤として成り立っているのですが、人間の活動は自然生態系の自浄能力を超えてしまい、すさまじい勢いで自然生態系を破壊しています。このことが、環境問題の本質であり、環境問題を解決し、人間の生存を持続可能とするためには、自然と共生した人間社会を作らなければなりません。

(1) 共生の考え方
1）共生とは何か
　現代社会は、人と人だけでなく、異文化、異民族の間において、相互干渉や、協力関係なしには成り立たなくなっています。これらの関係における多くの問題を解決するためのキーワードとして、「共生」という言葉が、環境をはじめ福祉、民族、教育、社会活動などいろいろな分野で使われるようになりました。
　「共生」はもともと生物生態学で用いられる語で、種の保存のために、異質

な者同士が何らかの形で一緒に生きることいいます[1]。狭義の「共生関係」には、2種の生物がともに利益を得る関係の「双利共生」と、一方は利益を得るが、他方に対しては益も害も及ぼさない関係の「片利共生」があります。また、「共生」と同じような関係に「寄生」があります。「寄生」の関係は、一方が他方から利益を得て、さらに他方に対して害をもたらすかもしれない関係のことですが、寄生体は宿主を痛めつけてしまうと寄生体自身も生存できないため、適度な関係が成立する場合が多くあります。その場合には、寄生というよりも、共生に近くなります。

社会的分野で使われるときの「共生」は、生物生態学で用いられる場合に比べてその意味が曖昧であり、多分に理念的に用いられる傾向があります。自然と人間の関係は、生物生態学的な考え方では「寄生」に近い関係なのですが、「自然と人間の共生」を考えるとき、「共生」は双利共生関係の意味で理念的に用いられます。しかし、自然が人間に利益を与えるにしても、人間が自然に対して利益を与えることができるかどうかは疑問です。

2）行政の施策に見る共生

1993（平成5）年に制定された環境基本法では、その第15条で、政府は環境基本計画を定めなければならないと規定しており、1994（平成6）年12月に「環境基本計画」が策定されました。この「環境基本計画」では、環境政策の長期的な目標として、「循環」、「共生」、「参加」、「国際的取組」が示され、「共生」というキーワードが入りました。これはその後も環境省の重要な施策として取り組まれており、環境白書にも「自然と人間の共生の確保」のために、①生物多様性の確保に係る施策の総合的推進、②原生的な自然及びすぐれた自然の保全、③二次的自然環境の維持、形成、④湿地の保全、⑤自然的環境の回復、⑥野生生物の保護管理、⑦飼養動物の愛護・管理、⑧自然とのふれあいの推進、が示されています[2]。

このように、日本の行政も自然と人間の共生を柱とした施策を行っていますが、行政の施策における「自然と人間の共生」の目的は、「自然保護」の考え方に近いものとなっています。

(2) 自然との共生を拒否した人類

　私たち人類は、エネルギー資源、鉱物資源、水、土地、緑、生物など非常にたくさんの自然環境資源を消費しています。環境問題は、自然界からの資源の搾取および汚染物質の排出など、人間の活動が自然の再生力、吸収力、浄化能を上回った結果であると考えることができます。

　自然環境の破壊は、それが直接的に人体に及ぼす影響を検知することが困難なことから、公害問題ほど大きくは取り上げられてきませんでした。日本では1962（昭和37）年に全国総合開発計画が策定され、全国の海岸部にコンビナートが造成されました。その後、1969（昭和44）年の新全国総合開発計画による苫小牧東などの大規模開発、1970（昭和50）年に発表された田中角栄の日本列島改造論による関西新空港、本四連絡橋、高速道路網の整備、1987（昭和62）年の総合保養地域整備法（リゾート法）によるゴルフ場などの大規模リゾート開発が推し進められてきました。これらの施策は、バブル経済の終局とともに破綻したのですが、結果的に多くの自然破壊をもたらしました[3]。

　日本だけでなく、世界の国々も多くの自然を破壊してきたのですが、自然を破壊し、自然との共生を拒否してきたのは、便利で豊かな生活を享受しようとして大量の資源を消費してきた私たち一般市民であることを認識しなければなりません。すなわち、私たち一般市民は自然破壊の被害者であると同時に加害者にもなっているのです。現在、私たちの活動は自然の回復力を超えたものとなり、自然破壊をもたらしているのですが、そのことが、人間社会のアメニティ（自然景観美などの快適で魅力的な住みやすい環境）まで破壊し始めているのです。

(3) 自然をどう捉えるのか

　自然と人間の共生を考えるときに、自然をどのように捉えるのかは非常に重要なことです。自然の捉え方には東洋思想と西洋思想の2つの思潮があるといわれています[4]。東洋思想は、自然と人間を一体として捉え、人間も自然のうちと見ます。そうすると、自然は人間と対等かそれ以上に畏敬の対象となり、人間が利用するに際して、できるだけ慎み深くという態度が生まれます。一方、

西洋思想では自然を人間と切り離した客体として対置し、自然は科学する対象であり、加工し利用する対象と考えています。

東洋思想にはもともと自然との共生的な自然観がありましたが、西洋文明を是とする西側先進国の社会は、自然と人間を切り離して捉えるようになってきています。自然と人間を切り離して捉えると、自然と人間の共生のためには、自然を保護しなければならないという考え方が強くなります。

一方、自然の捉え方を体系化する考え方に環境倫理があります。環境倫理は、「人間中心的な視点から人間以外の生物や自然物全てが道徳的に考慮されるような倫理」と定義されます[5) 6)]。環境倫理の考え方にはいろいろありますが、相対する考え方として、「人類の生存のために環境を守る」という人間中心主義的な考え方と、「自然そのものに価値があり、その価値を認めて守らなければならない」という自然中心主義的な考え方があります。詳しくは参考書に譲りますが[6)]、これらの考え方では地球生態系を保全することは困難であることが指摘されるに至り、人間中心主義と自然中心主義の考え方を越えて、新たな環境倫理の模索が始まっています。すなわち、地球全体が1つの生命体であり、そこに暮らす生物は地球という生命体を構成する一部であるという新たな考え方です。この考え方は、生物生態学の「共生」と共通する部分があります。この考え方によると、人間は地球という巨大な生命体の寄生生物であり、極端な増殖や他の生物との共生を考えない行動は、自滅につながるということになります。

ここに述べた以外にも、自然の捉え方にはいろいろあります。民族、地域、人によってその捉え方は異なるでしょう。実は、その異なる考え方をお互いに受け入れることも共生の前提となります。私たちは、民族や地域により自然の捉え方が異なることを認識した上で、自然と人間の共生を考える必要があります。

(4) 自然保護の考え方

先に、日本の行政の施策では「自然と人間の共生」は「自然保護」の考え方が非常に強く打ち出されていることを述べましたが、自然保護の考え方にもいろいろあります。

自然環境は、①森林の水源保全機能などの生命支持機能、②清浄な空気や水などの安全・健康保持機能、および景観などのアメニティの供給、③資源供給による経済的機能および廃棄物などの浄化機能、の3つの基本的機能を持つといわれています[7]。一方、自然保護は、自然を人間のために①良い状態で保存し、②荒廃しないように利用・維持管理し、③悪化しないように処理し、④場合によっては改造することまで含めた概念と定義されます[8]。つまり、自然保護という概念は、自然と人間を別のものと考え、対峙させ、その上で、人間が自然を守るという考え方です。

環境社会学者の鳥越皓之は、自然と人のつき合い方を図3－2のように示しました[9]。保護区はアメリカに見られる手法で、サンクチュアリ（聖域・聖堂を意味する英語で、野生生物の保護地域のことをいう）などと呼ばれており、そこでは原則的に人間の営みは禁止されています。ナショナルトラストはイギリスに見られる例で、田園地帯や、海岸線などオープンスペースを買い取り、美しい風景を保護する運動です。積極的ではないのですが、自然を守るために手を加えることもあります。ふるさとづくりは日本に見られる例で、生活が自然の中に入り込んでおり、自然を生かすために自然に手を加えています。

自然保護の対象として重要な位置を占めるものに、コモンズ（共有地）があります。日本では共同利用地としての入会地が典型的な例でしょう。入会地はその利用が特定のメンバーに限られていますが、地球規模で考えると、森林や

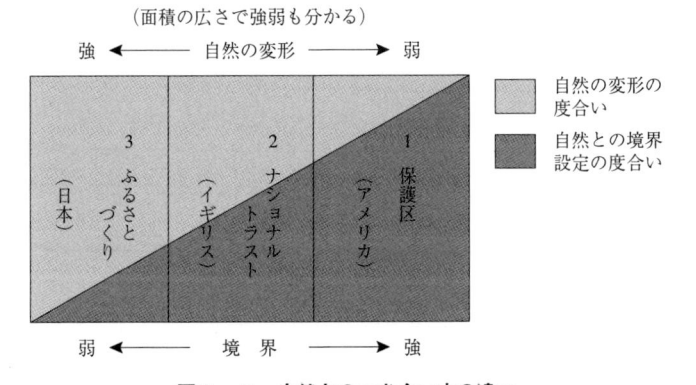

図3－2　自然とのつき合い方の違い
出所：鳥越皓之『環境社会学』放送大学教育振興会、1999。

河川資源、海洋、大気なども広い意味でのコモンズと考えることができます。ところで、牧畜業者にとって共同で利用する牧草地はコモンズといえますが、牧畜者がより多くの収穫を得ようとして沢山の家畜を放牧すると混雑状況が起きて牧草地が荒廃地になってしまいます。このように、コモンズでは、各人が各人の利益を追求する行動をとると、結果的にコモンズからの収穫が減少して当事者全体の収穫も減少します。これを「コモンズの悲劇」といいます[10]。自然環境の破壊は、人間が利益追求のために公共財としての自然を無制限に利用した結果引き起こされるものであり、自然保護とはコモンズの悲劇を回避するために、一定のルールを作ることと考えることもできます。

(5) 自然と人間の共生
1）岡山県における共生の試み

1974（昭和49）年に岡山県は「岡山県総合福祉計画」を策定しましたが、この計画は、それまでの県政の指針を経済優先から福祉優先へと転換させる画期的なものでした。この構想を具体化させる計画の1つが、現在は岡山県の財政悪化により事業が中断されている「吉備高原都市」の建設です。この都市は、岡山市より北西約25kmに位置する岡山県加茂川町および賀陽町の吉備高原を開発し、緑豊かな自然環境と立地条件を活かしながら、保健、福祉、文化、自然教育、農業など機能を中心とした高度な機能を備えた都市として計画されたものです[11]。

吉備高原都市は、自然と調和した触れ合いのある人間優先の21世紀を志向したコミュニティ都市として計画されたもので、あくまでも、人間尊重・福祉優先の都市計画であり、自然と人間の共生をめざしたものではありません。しかし、自然環境の保全と人間の生活の確保を両立させようとした点では、自然と人間が共生できる社会モデルの1つとして、当時としては先進的であったと考えてもいいでしょう。

一方、近年の岡山県のいろいろな施策の中に、自然と人間の共生への取り組みがうたわれるようになりました。例えば、岡山県では2001（平成13）年3月に、「人と自然の共生関係の構築」を目標とした「自然保護基本計画」を10か

年計画として策定しています。また、岡山県環境基本計画（エコビジョン2010）の理念では、環境負荷の低減、地球環境保全とともに自然との共生が大きな柱

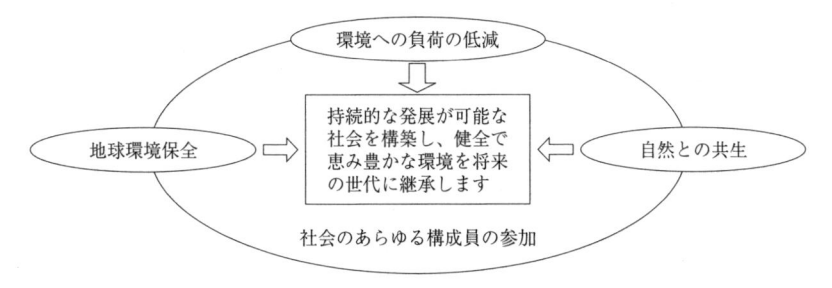

```
                    環境への負荷の低減
                          ↓
  地球環境保全 →   持続的な発展が可能な   ← 自然との共生
                  社会を構築し、健全で
                  恵み豊かな環境を将来
                  の世代に継承します
                    社会のあらゆる構成員の参加
```

図3－3　岡山県環境基本計画（エコビジョン2010）の理念

未来へ引き継ぐ清流づくり	ふるさとの清流づくりプログラム	自然共生・回復型川づくりの推進など5項目
	児島湖再生プログラム	児島湖自然体験ゾーンの整備など4項目
瀬戸内海の保全と再生	瀬戸内海リフレッシュプログラム	よみがえれ豊かな海再生事業など3項目
澄んだ空気と豊かな緑の保全・再生	森林保全・再生プログラム	人と野生生物の共生の促進など7項目
潤いのある生活空間づくり	水と緑のふれあい空間プログラム	まちづくり一体型水辺空間の整備など2項目
	表情ゆたかなまち創造プログラム	きれいで快適な生活空間の創造事業など4項目
	美しの農産漁村形成プログラム	誰もが住みたい農村づくりの推進など5項目
エコライフ岡山の推進	環境パートナーシップ推進プログラム	環境学習の積極的な推進など5項目
	エコライフ実践プログラム	地球温暖化防止対策の推進など5項目
資源循環型社会の構築	ごみゼロ促進プログラム	廃棄物有効利用推進事業など5項目
	地球にやさしい産業推進プログラム	環境調和型まちづくりなど6項目
クリーンエネルギーの利活用	新エネルギー導入促進プログラム	風力発電事業の推進など4項目

図3－4　環境にやさしい生活を送り、自然と共生できる社会構築のための施策体系図

となっています（図3-3）。この基本計画では、9つの重点プロジェクトを掲げていますが、その1つである自然との共生プロジェクトでは、①保護地域の拡大と保全の推進、②野生動植物基礎調査の実施と貴重な動植物の保護・増殖、③ビオトープ（ドイツ語で、生物の生息空間を意味し、その空間を保護、保全、創造していく考え方）の整備、④自然との触れ合いの場の確保、を取り上げています。

さらに、2002（平成14）年3月に策定された、「新世紀おかやま夢づくりプラン」の中にも、重点的に取り組む夢づくりプログラムの1つとして「環境にやさしい生活を送り、自然と共生できる社会」の実現が盛り込まれています[12]。その実施に向けた施策の体系図を図3-4に示しました。このプランでは、未来へ引き継ぐ清流づくりなど7つの快適生活シーンに対して、12のプログラムを策定し、54の項目について取り組むことになっています。これらの取り組みは、自然保護の施策が中心となっていますが、「誰もが住みたい農村作りの推進」などは自然と人間の共生に向けた第一歩と考えることもできます。今後は、自然を保護するだけでなく、人が自然と一緒に生活するための施策が取られるようになると思われます。

2）自然と人間の共生に向けて

人間活動はすさまじい破壊力で、自然生態系を破壊しています。私たちは、今すぐにでも自然と人間が共生できる社会を作らなければなりません。ところが、共生の考え方の項でも述べましたが、自然と人間の共生というときの「共生」の概念は非常に曖昧です。そのため、時として、自然保護だけが自然と人間の共生を築き上げる手段のように思われてしまいます。その結果、人工護岸で固められた河川の近自然型河川への改修、人工渚の建設、野生生物種の生息地のためのサンクチュアリの建設などが、自然と人間の共生のために必要なことのように進められています。しかし、自然を保護するだけでは本当の意味での自然と人間の共生関係を築き上げることはできません。

環境問題に対する立場として、技術の発展によって問題を解決しようとする「近代技術主義」、エコロジー論に基づき自然保護を最も大切とする「自然環境主義」、地域に居住する居住者の立場から問題を考える「生活環境主義」があり

ます[9)][13)]。近代技術だけでは、もはや自然と人間が共生できる社会を作ることができないのは明らかです。一方、自然環境主義は原生林が最も価値ある森林とみなすのですが、日本の原生林は多く見積もっても1％程度しかないといわれており、自然環境主義では日本の森林は保てないことが明らかです。つまり、日本の森林を守るためには、森林の担い手を確保しなければならないということであり、そのためには担い手の生活を保障しなければならないということになります。これが「生活環境主義」の考え方です。すなわち、人間の生活の場を確保しながら自然環境を保っていかなければ、持続可能な「自然と人間の共生関係」を保つことはできません。自然と人間の共生を考えるとき、自然保護が善と考えられがちですが、人間の生活と自然環境の維持が同時に達成されることが重要だということを認識する必要があります。

　日本の伝統的社会は、自然と一体となって生活を営んでいました。自然と共生しなければ生きていけなかったともいえます。自然と一体化して生きていこうとすると、自然を破壊することは自らの生活を破壊することになることから、自然を保とうとする約束が自然にでき上がっていたのです。しかしながら、日本の人口の約8割が都市に住んでいる現在において、自然と共生した人間社会を作ることは容易ではありません。制度、技術だけでなく自然環境に対する意識の改革、私たちのライフスタイルの変更まで含めて、多くの努力が必要です。

　人々の生活様式や自然環境は国や地域によって大きく違っています。したがって、自然と人間の共生は、地域のレベル、国のレベル、地球規模のレベルで施策が異なります。重要なことは、自然を保護するだけではなく、人間の生活リズムを自然が再生するリズムに合わせることです。そして、そのリズムで生活できる社会こそが、自然と人間が共生できる社会といえるでしょう。

参考文献
1）松田裕之『「共生」とは何か』現代書館、1995。
2）環境省編『平成14年版環境白書』ぎょうせい、2002。
3）藤原良雄編『生活─環境革命』藤原書店、2001。
4）土木学会環境システム委員会編『環境システム』共立出版、1998。

5) 三菱総合研究所『全予測環境問題』ダイヤモンド社、1997。
6) 伊藤俊太郎編『環境倫理と環境教育』朝倉書店、1996。
7) 天野明弘『環境との共生をめざす総合政策入門』有斐閣アルマ、1997。
8) 沼田真『自然保護と生態学』共立出版、1973。
9) 鳥越皓之『環境社会学』放送大学振興会、1999。
10) 丸尾直美、西ケ谷信雄、落合由紀子『エコサイクル社会』有斐閣、1997。
11) 小出公大『吉備高原都市』岡山文庫、1994。
12) 岡山県『新世紀おかやま夢づくりプラン』岡山県、2002。
13) 飯島伸子編『環境社会学』有斐閣ブックス、1993。

その他の参考となる本
1) 資源リサイクル推進協議会『環境首都：フライブルク』中央法規、1997。
2) 岡島成行編『自然との共生をめざして』ぎょうせい、1994。

3－4　私たちのくらしと環境ガバナンス

　私たちの生活はあらゆる面で環境問題と関わりを持っています。そして、現在の環境問題はその規模、原因、有害性において多様化、複雑化しており、特定の汚染源に対応する旧来の対症療法的な方法での解決は難しいといえます。また、これらの問題への対応を国に任せきりにすることに限界があることは明らかです。こうした状況を背景に、今、国際機関、国、地方自治体、企業、研究機関、NGO/NPO、市民などそれぞれの主体（アクターとも呼ばれます）が自発的、主体的に参加し、対等なパートナーとして協力しながらそれぞれの役割を果たし、環境問題を解決していくことが求められています。

(1) 環境ガバナンスとは

　最近、「環境ガバナンス（Environmental Governance）」という言葉を目にするようになりました。Governanceとは「統治」、「管理」などという意味があります。「統治」などというと、統治する側とされる側、ピラミッド型の社会が思い浮かびます。しかし、ここでいう「ガバナンス」は、そうした一方的な統治で

はなく、「個人と機関、私と公とが、共通の問題に取り組む多くの方法の集まり」、「相反する、あるいは多様な利害関係の調整をしたり、協力的な行動をとる継続的プロセス」[1]と定義されるもので、パートナーシップやネットワークがキーワードとなってくるものなのです。

資本主義の社会では企業は利潤をあげることが第一です。環境問題の規制や法律が強化されると企業活動に制約を受けたり、余分なコストがかかったりし、経営が悪化することが考えられます。政府は環境問題対策のために法律や環境基準を設定しますが、同時に国内企業を保護し、経済成長を支える必要もあります。環境対策だけを考えて政策を策定、実施することには困難が伴います。

加えて、政府や企業などの組織に属する人もそうでない人も、それぞれは「安く買いたい」、「便利で豊かな生活がしたい」と考えながら、毎日の生活で消費、廃棄を行う消費者です。また、「都市・生活型公害」という言葉もある通り、生活から出るゴミ（図3-5）、排水、あるいは自動車などによる汚染の問題においては私たち一人ひとりが加害者でもあり、また、被害者ともなるわけです。

トレードオフ（trade off）という言葉があります。簡単にいえば、「あっちが

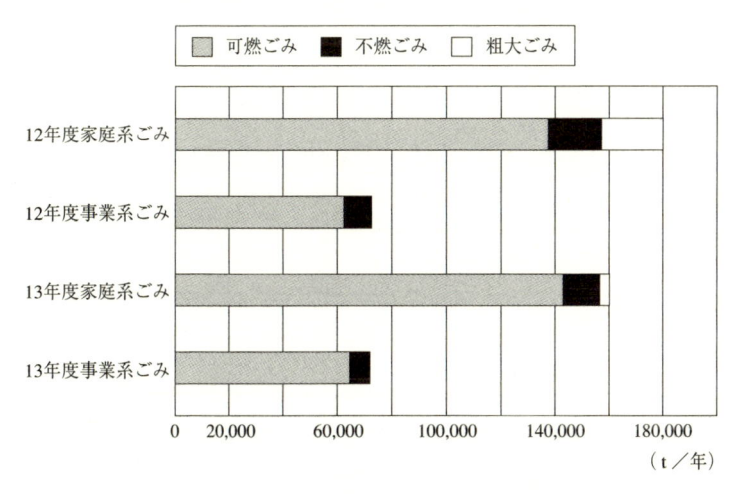

図3-5 岡山市におけるごみ排出量

出所：岡山市環境局環境保全部環境調整課『岡山市環境白書　平成14年版』岡山市環境局環境保全部環境調整課、p.55、2003。

立てば、こっちが立たず」ということですが、利害が相反し、双方が満足するような結果を得にくいような相互関係のことをいいます。「循環型社会をめざしたリサイクル処理が、実は電力など大量のエネルギーを消費を伴う」とか、車や原子力発電など「環境へのリスクを考慮すれば削減あるいは廃止した方がよいが便利な生活をあきらめることはできない」、あるいは「環境保全を考慮に入れて事業を行うとコストがかさんで経営がなりたたなくなる」等、環境問題においては、さまざまなトレードオフをどう解決するかという難しい問題が山積みされています。

このように因果関係や利害関係が何重にも複雑に絡み合っている社会にとって、誰もが納得できる万能の環境問題解決方法というものはない、といっても過言ではありません。こうした社会では、市民、NGO・NPO（3－5参照）、企業、研究機関、公共団体、地方自治体、国、国際機関などの各主体が、環境問題に取り組むという目的を明確にした上で、それぞれの役割を認識し、主体的な参加の上に、互いに調整し合いながら意志決定をし、行動を起こして、問題解決に当たらなければ、その解決は難しいといえます。そして、そのような解決の道筋や制度を作っていくこと、それが「ガバナンス」の意味するところでもあるのです。

(2) 地球温暖化問題を例にして

もう少し具体的に「地球温暖化」という例で考えてみましょう。地球温暖化の問題は世界的に取り組んでいかなければならない国境を越えた問題であり、二酸化炭素（CO_2）排出量削減のための数値目標やルールなどを決め、それらを守っていくための国際的な制度や法律を作っていく必要があります。しかし、それぞれの国益や国内企業の利益の保護を考える国家間の折衝で合意を得ることはなかなか容易ではありません。そのような状況において、グローバルなつながりを持つNGOが政府間の調停を行ったり、NGOの持つ専門的な知識や情報を活かして、国際的な政策決定の場に参加して影響を及ぼしたりしています。

日本政府は国を挙げて温暖化対策に取り組み、1990（平成2）年の「地球温暖化防止計画」を始め、環境関連の政策や法律の策定、改正を次々に行ってい

ます。今後は環境に負荷を与える活動に対して課税や課徴金、排出権取引制度[2]など企業が利益を上げようと思えば、環境に対して配慮せざるを得ないような制度を調えて企業の行動をリードすることも必要とされてくるでしょう。

　企業はどうでしょうか？　政府からの規制や制約が増し、環境税などの導入があれば、環境保全のために使うお金、環境コストが増加し、その分、商品の値段に反映します。値段が高くなれば競争力を失いますから、企業には不利です。そうした規制や強制を受ける前に、CO_2排出を削減する技術の開発や、ISO14001（環境マネジメントシステム）など認証の取得、環境省が提供している環境活動評価プログラムへの参加や環境報告書の作成等を行い、より低いコストでCO_2排出量を抑えるよう自ら努力をしている企業も増えてきています[3]。

　また、企業がライフサイクルアセスメント（LCA）を取り入れて、使用済みになっても再利用やリサイクルしやすいように製品を設計・デザインすれば、ごみが減り、ごみの回収や処理を担っている地方自治体などの行政の負担、ごみの輸送や焼却によるCO_2排出も削減できます。またリサイクル業が安定したビジネスとして定着していくということも考えられます。ほかにも、環境配慮型の商品やサービスを提供するエコビジネスが展開されることで新たな市場が生まれ、雇用が確保されるなど、経済にも好影響を与えることも可能でしょう。

　そして、私たち市民は、こうした温暖化防止をはじめ、環境負荷を低減しようと行動する企業の製品やサービスを選べば、その企業を、ひいては温暖化防止を支援することになります。日常生活の中では自動車や電気の使用、ごみの削減などに気を配り、家庭内のCO_2排出量を減らすこともできます。

　地方自治体や国は、温暖化防止のための政策やルールを作る際に市民やNGO/NPOの意見を反映させ、実施においてもその協力を要請することで、実効性の高い政策が期待できます。選挙では環境問題、温暖化防止問題に積極的に取り組む候補者に1票入れることでも市民の力は発揮されます。

　以上の例は、すでに実現されているものもあれば、今後の実現を期待されるものもあります。このように、環境負荷の少ない社会をめざし、それぞれの主体が持つ資金、人材、資源を効果的に活用し、相互に協力して、お互いの意向や利益がバランスをとる道を見つけ、環境問題を解決してゆこうとするのが環

境ガバナンスです。この考え方を踏まえて、次に消費者として私たち市民にできることについてもう少し述べたいと思います。

(3) 私たちの消費行動と環境問題
──「緑の消費者」グリーンコンシューマー (green consumer) ──

　私たちは、ほぼ毎日買い物をし、モノを消費する消費者です。この毎日の行動を変え、環境に配慮した製品やサービスを私たち消費者が積極的に選ぶことで、生産者、製造企業、小売店などの活動に「環境」という視点を取り込むよう働きかけ、その積み重ねによって社会経済システム全体を環境配慮型へと変えていこうとする運動があります。グリーンコンシューマー運動です（表3－1参照）。

1）グリーンコンシューマーの流れ

　イギリスでは1988（平成元）年「グリーンコンシューマーガイド」[4] が出版され、グリーンコンシューマー、「緑の消費者」の定義がなされるとともに、環境に配慮した製品の購入が呼びかけられました。このガイドは、イギリスをはじめ、欧米各国でも大ベストセラーとなり、翌年には同じ著者から、環境配慮型製品やそれを販売している店舗の紹介などより具体的な情報提供を行うガイド[5] も出版されました。こうした本の影響により、イギリスでは売上2位であったスーパーが、環境配慮の努力を行うことで、それまで1位であった店

表3－1　グリーンコンシューマー10原則

1. 必要なものを必要な量だけ買う。
2. 使い捨て商品ではなく、長く使えるものを選ぶ。
3. 包装はないものを最優先し、次に最小限のもの、容器は再使用できるものを選ぶ。
4. 作るとき、使うとき、捨てるとき、資源とエネルギー消費の少ないものを選ぶ。
5. 化学物質による環境汚染と健康への影響の少ないものを選ぶ。
6. 自然と生物多様性を損なわないものを選ぶ。
7. 近くで生産・製造されたものを選ぶ。
8. 作る人に公正な分配が保証されるものを選ぶ。
9. リサイクルされたもの、リサイクルシステムのあるものを選ぶ。
10. 環境問題に熱心に取り組み、環境情報を公開しているメーカーや店を選ぶ。

出所：グリーンコンシューマー全国ネットワーク『グリーンコンシューマーになる買い物ガイド』小学館、1999。

の売上を追い抜いたともいわれています。

　日本でもこの流れを受けて1991（平成3）年京都のNGO、「ごみ問題市民会議」が京都市内のスーパーの環境問題への取り組みを調査し、「環境ガイド・この店が環境にいい」を出版しました[6]。この動きは全国に波及し、環境に配慮した購入の指針となるグリーンコンシューマーガイドが各地で作成され、グリーンコンシューマー10原則[7]も知られるようになりました。

2）グリーンコンシューマーとして

　買い物をするとき、「何が欲しいか」、「どこのお店が安いか」、「テレビのコマーシャルで見たものか」等で判断するのではなく、「本当に必要なものか」、「長く使えるか」、「無駄がでないか」、「製造や流通、販売に際しても環境に負荷を与えていないか」等の視点で選ぶようになれば、企業はある程度コストがかかったとしても自社の製品を購入してもらおうと、環境に配慮した生産、販売活動を行い、利益を上げようとするでしょう。企業に環境問題に取り組む動機（インセンティブ）ができるわけです。また、「買う」以外にも環境負荷が高い製品、過剰包装の商品やリサイクルできない商品、あるいはリサイクルが追いついていないペットボトル製品などを「買わない」ということも、グリーンコンシューマーとしての1つの意志表示といえます。

　さらに生産者と直接結びつき、誰がどのように環境に配慮しながら生産、製造したか明確なものを購入する動きもあります。有機農産物を生産している農家と契約して共同購入を行ったり、廃油から作った石鹸や、雑古紙から再生したトイレットペーパーなどを製造業者に直接注文購入したりする、より積極的な消費行動も盛んになりつつあります。

　また、イギリスの「緑の消費者」の定義に「諸外国、特に発展途上国に不利益な影響を与えるような商品の購入を避ける」とありますが、これは日本の「作る人に公正な分配が保証されるものを選ぶ」に通じる項目です。

　私たちが安い製品を大量に享受できる陰には、途上国の自然環境や現地の人々の生活環境を破壊し、非常に低い賃金や過酷な労働を労働者（女性、子どもを含む）に強いて原料などを調達しているという側面もあります。こうした状況を少しでも改善するために、途上国の貧しい農民や女性などを継続的に支援

し、その自立を助けようと、先進国の消費者がそうした生産者と直接取引をし、適正な賃金、価格を支払うことをフェアートレード（fair trade）といいます。

フェアートレード商品には、コーヒーを始めとする農産物や加工食品、衣料、工芸品などがあり、現地の自然環境に適した方法や伝統的な技術で生産、加工されています。これらの商品を選ぶことは途上国の環境にそして私たちの環境にもやさしいグリーンコンシューマーとしての行動といえるでしょう[8]。

3）その他──グリーン購入やエコファンド

多くの企業、自治体等が組織を挙げて、有害物質を含まない製品や再生品等、環境負荷の少ない製品を優先して購入する「グリーン購入」を促進しています。2000（平成12）年には「国等による環境物品等の調達の推進等に関する法律（グリーン購入法）」も制定され、環境配慮型製品の市場が拡大しつつあります。こうした需要、供給の拡大によって、今まで割高とされてきた環境配慮型製品の価格が下がることも期待されます。

また、グリーンコンシューマーが、「緑の投資家」として環境への取り組みに積極的な企業に投資することにより、その企業活動を応援するエコファンド（eco-fund）も注目を集めています。日本では1999（平成11）年に登場したばかりですが、欧米ではすでに定着しており、エコファンドに組み入れられている環境配慮型経営を行う企業は、経営に余裕があり世間の評価も高いとみなされて、株の人気が高く、資金の調達が容易になっています。日本でもエコファンドが普及し、市場規模が拡大すれば、ファンドに組み入れてもらおうと環境に配慮した経営努力を行う企業がますます増加することが期待されます。

そして、こうしたエコファンドなどの投資活動の普及は「国の環境政策の観点からも重要である」ということが、環境省の報告書においても指摘されています[9]。

(4) 私たちの食生活と環境問題──地産地消

買い物とともに環境問題に密接に関わるものに、私たちの食生活があります。日本は世界中から食材、食料を入手し、あらゆる食物があふれかえっている反面、国内の食物自給率は年々低下し続けています。

私たちが口にする食材がどれくらい環境に負荷を与えているかを、食品ごとの耕地面積、輸送や生産に要したエネルギーの比較によって試算している研究もあります。その試算によると、例えば、韓国で生産されたトマト1個は私たちが口にするまで、1,160kmの距離を31.4kcalのエネルギーを消費して輸入されます。近隣で採れたトマトに要する1.4kcal（10km輸送されるとして）のなんと30倍近いエネルギーを消費していることになります。また、露地ものに要する生産エネルギーは176.4kcalですが、ハウスや温室栽培では636.2kcalとその3倍近くのエネルギーを必要とします。これらのエネルギーの消費に伴い、CO_2の発生も増加するということになります[10]。

　また、日本へ食材を提供するために発展途上国の環境が破壊されているという事実も指摘されています。例えば、エビの養殖を行うためにタイのマングローブ林が次々と伐採されたり[11]、フィリピンなどで日本向けのバナナやパイナップルの生産を行う巨大プランテーションのために現地の植生が犠牲になったり、あるいは農園労働者が劣悪な労働環境にさらされているということが指摘されています[11]。

　こうした例を見ただけでも、私たちの食生活がいかに環境破壊型のものであるかが分かります。そこで注目を集め始めているのが、地域で生産されたものをその地域で消費しようという「地産地消」の運動です。その地域で採れる旬（しゅん）のものを口にする、それだけで、輸送、温室栽培、冷凍などに使用されるエネルギーの消費はぐっと抑えることができます。また、その土地の旬の食物は新鮮でおいしいものですし、栄養学的にも良いとされています。

　地元の農産物を購入するという行動は、地域の農家、農業を支え守っていくことにもつながります。次に取り上げる『ECO WAVEおかやま』（写真3-1）には「専業農家では生活できない」と漏らす野菜生産者の声とともに、日本の農業が滅びるという危惧が指摘され、「地産地消」の大切さが訴えられています[13]。

(5) 岡山のグリーンコンシューマーガイド

　グリーンコンシューマーの動きは岡山にも波及し、岡山に暮らす人々のために岡山の情報を提供するガイドブック（写真3-1）が、2000（平成12）年、

NGOエコウェーブおかやまによって出版されました。

ガイドの前半では、石けんや再生品等、環境負荷の軽減に役立つ商品、フェアトレード商品を扱う店、自然食品店、国産小麦や天然酵母を使用しているパン屋、無添加の食材、地元の素材等を使う飲食店、低農薬、無農薬有機農法による野菜やお米を育て契約販売を行う農家など74軒を紹介しています。その他、酒蔵、住宅、美容院、自然出産のできる助産院、リサイクル店やフリーマーケットの紹介等々、生活全般にわたる情報が掲載されています。

写真3-1 『ECO WAVEおかやま』

後半では、岡山市内のスーパー、デパートなど22店舗の環境配慮についての調査結果が掲載されています。こうした調査はグリーンコンシューマーへの情報提供として役立つとともに、お店に環境に配慮した企業活動の大切さをアピールし、グリーンコンシューマーが望んでいることを伝えることにもなります。

ガイドの最後には、岡山で「地産地消」が実践できるような地場の生産物を購入できる場所、道の駅等の紹介もされています。

(6) おわりに

環境問題に対する漠然とした不安を持ちながらも、大量生産、大量消費、大量廃棄がしっかりと根づいている現代の社会経済を変えていくことは不可能なのではないか、と思っている人は少なくないと思います。

しかし、以上で述べたように私たち市民の生活は社会、言い換えれば企業や行政等、他の主体とつながっており、市民が各主体に働きかけ、それぞれの主体の活動を促すとともに、各主体が相互に調整し合い、協働していけるような新しいしくみを作っていくことで、社会を変えていくことはできるのです。また、グローバル化した社会では日本のみならず、途上国を始めとする諸外国や

国際社会とも密接につながっており、国境を越えて私たちが変革を及ぼしていくことも可能なはずです。

　最後に、どの主体もそれを構成しているのは私たち一人ひとりの市民です。私たちの意識と行動の中にこそ、環境問題を解決していく鍵があるのだということを自覚し、進んでゆくことが重要です。

参考文献

1) 京都フォーラム監訳『地球リーダーシップ』日本放送出版協会、pp.28-31、1995。
2) R.K.ターナー、D.ピアス、I.ベイトマン『環境経済学入門』東洋経済新報社、2001。
3) 池田満之『温暖化防止とわたしたちのくらし』大学教育出版、2002。
4) John Elkington, Julia Hailes, The Green Consumer Guide (Gollancz 1988).
5) John Elkington, Julia Hailes, The Green Consumer's Supermarket Shopping Guide (Gollancz 1989).
6) ごみ問題市民会議『かいものガイド・この店が環境にいい』ごみ問題市民会議、1993。
7) グリーンコンシューマー全国ネットワーク『グリーンコンシューマーになる買い物ガイド』小学館、1999。
8) People Tree ホームページ　http://www.peopletree.co.jp/
9) 「社会的責任投資に関する日米英3か国比較調査報告書～我が国における社会的責任投資の発展に向けて～」http://www.env.go.jp/press/press.php3?serial=4200
10) 環境・持続社会研究センター『「環境容量」の研究／試算』環境・持続社会研究センター、1999年。
11) 村井吉敬『エビと日本人』岩波新書、1988年。
12) 田中優『環境破壊のメカニズム』北斗出版、1998年。
13) エコウェーブおかやま『ECO WAVEおかやま―行ってみる。やってみる。人と自然にやさしいお店とくらしガイド』吉備人出版、p.110、2000。
　　エコウェーブおかやまホームページ　http://ecowaveokayama.hp.infoseek.co.jp/

その他の参考図書

・枝廣淳子『エコ・ネットワーキング！―「環境がひろげる、つなげる、思いと智恵と取り組み」』海象社、2000。
・環境省『循環型社会白書　平成14年度版』環境省、2002。
・松下和夫『環境ガバナンス　市民・企業・自治体・政府の役割』岩波書店、2002。
・信夫隆司編『環境と開発の国際政治』南窓社、1999。
・岡山市環境局環境保全部環境調整課『岡山市環境白書　平成14年版』岡山市環境局環境

保全部環境調整課、2003。
・酒井伸一・森千里・植田和弘・大塚直『循環型社会　科学と政策』有斐閣、2000。
・佐島群巳、横川洋子編著『生活環境の科学』学文社、2000。
・高月紘編著『自分の暮らしがわかる　エコロジー・テスト』講談社、1998。
・どこからどこへ研究会『地球買いモノ白書』コモンズ、2003。
・渡辺昭夫、土山實男編『グローバル・ガヴァナンス　政府なき秩序の模索』東京大学出版会、2001。
・米本昌平『地球環境問題とは何か』岩波書店、1994。

3-5　NGO・NPO活動

(1) NGO・NPOとは何か

　NGOはNon Governmental Organization（非政府組織）の略称で、NPOはNon Profit Organization（非営利組織）の略称です。どちらも非政府で非営利であることを前提としていますので、アメリカなどではほとんど同じ意味で使われています。日本では、国際的な活動を行っている団体が日本にNGOという言葉を導入したことと、NGOという言葉が国際連合から出てきた言葉であることなどから、国際的な活動を行っている民間非営利団体をNGOと、国内での活動を行っている民間非営利団体をNPOと区別して用いていることが多いようです[1]。なお、NGOもNPOも頭にNonという否定語がつくことから、そのマイナスなイメージを嫌って、CSO（Civil Society Organization：市民社会組織）という言葉が使われることもあります[2]。

　1998（平成10）年に特定非営利活動促進法（NPO法）が施行され、NPOに法人格が与えられるようになったことから、NGO・NPOに対する社会的認知度も高まり、2004（平成16）年2月現在、全国で1万5千以上のNPO法人が誕生しています。

(2) ボランティアとNGO・NPOの関係

　ボランティアとは、「志願者」のことを指し、奉仕（サービス）とは異なる意味を持っています[1]。このため、ボランティア活動は、自らが望んで自己責任に

おいて行うもので、活動による金銭的対価を得ない無報酬の活動が一般的です。
　これに対して、NGO・NPO活動は非営利ですが、無報酬とは限りません。NGO・NPOは、ボランティアや会員が望む社会的使命を達成するために、自分たちだけではできない仕事をするために人を雇い、組織を作って活動する民間の非営利団体です[3]。ここでいう「非営利」とは、活動経費や管理費といった必要経費は稼ぐが、利益は仲間に分配せず、次の活動に使うことを意味します。NGO・NPOが職員を雇っている場合の給料は団体の経費であって、利益の分配には当たりません。ですから、NGO・NPOには報酬をもらう職員と無報酬のボランティアが同じ組織の中に存在しているのが一般的です。
　このように、NGO・NPOでは、ボランティアは重要な役割を果たしますが、組織としては核となるところに有給の専門スタッフをきちんと抱えたプロフェッショナルな団体であることが望まれます[1]。

(3) NGO・NPOに期待される使命

　これまで述べてきたように、NGO・NPOは営利を求めず、自らが望む「社会的使命」のために活動する団体（組織）です。NGO・NPOに期待される使命としては、「時代のニーズに合った新たな公共サービスの供給主体」となること、「緩やかな社会変革・行政改革の担い手」となること、「市民主権・市民自治を実現する推進力」となることなどが挙げられます。また、「個人の思いを社会的な力とする仕組み」として、「社会のモニタリングシステム」としての使命も大きいと思います[1]。

(4) 官民の連携（ユネスコ活動を例にして）

　2002（平成14）年に南アフリカのヨハネスブルグで開催された、環境と開発に関する世界サミット（正式名：「持続可能な開発に関する世界サミット」）でも、持続可能な社会を構築していくために、「連携（パートナーシップ）」が重要なキーワードとして挙げられました。国際社会において、この官民による連携に半世紀以上も前から取り組んできたのがユネスコ（UNESCO：United Nations Educational Scientific and Cultural Organization；国際連合教育科学文化機

関）活動です。

　世界の国々が集まって、地球全体のことを話し合い、協力していく組織が国際連合です。ユネスコはその国際連合の中で、教育と科学と文化に関することを専門に取り扱う機関です。ユネスコの目標は、「お互いの無知や偏見をなくし(国際理解)、国や民族を越えて人々が協力することを学び(国際協力)、人々の友情と連帯心を育てながら、ともに生きる平和な地球社会を作っていく」ことです。言い換えれば、人類が戦争で自滅してしまわないよう、教育と科学と文化面からの取り組みによって、世界を戦争のない平和で持続可能な社会に導くことを役割としています。

　ユネスコ自体は国が集まって運営しているため、国家間や民族間の利害に左右されやすいという弱点があります。しかし、それでは戦争のない平和な社会を作ることはできないので、ユネスコでは、国益に左右される政府組織だけでなく、市民NGOと連携して、政策を進めていくことを、憲章において定めています。このため、190か国を超えるユネスコ加盟国には、政府組織と市民組織ならびに有識者による「ユネスコ国内委員会」という組織が作られています。ここにおける市民組織の窓口、活動母体が「ユネスコ協会」で、国や民族の壁を越えて協力し合える市民組織の先駆的な存在として、1947（昭和22）年に日本で生まれ、世界中に広まったNGOです（現在、世界100か国以上に約5,300の協会組織があります）。

　ユネスコとユネスコ協会は車の両輪のような関係で、お互いに連携して平和な地球社会の実現に取り組んでいます。ユネスコ活動は、世界の人たちと利害を越えて、人としてつながれる場でもあるのです。また、日本は「ユネスコ活動に関する法律」を制定しているため、民間活動においても国や地方自治体ならびに学校などから支援や協力、連携が得やすいというメリットもあります。ユネスコ活動では、地球上の貴重な文化財や自然環境を、人類共通の宝として守っていく活動「世界の文化および自然遺産の保存・保護活動」などを通して、地球環境の保全に取り組んでいます。

　持続可能な社会の構築に向けて、社会全体が連携のあり方を模索する今日において、ユネスコ活動は半世紀あまりにわたって世界で行ってきた連携に関す

る人類の壮大な先駆的取り組みだったと思います。私たちは、今こそこの半世紀あまりにわたる先駆的な取り組みを検証し、また、うまく活かして、地球環境と人類の未来を持続可能なものにする連携の仕組みを確立させたいものです。

(5) 岡山でのNGO・NPO活動の具体例

岡山県内においても、環境に関するNGO・NPO活動が数多く行われています。ここでは、個々の団体による活動とネットワーク・連携による活動に分けて、代表的な活動をいくつか具体的な例として紹介します。

1）団体による活動

自然の保護・保全関係では、「自然に親しみ、自然に学び、自然を守る」を基本方針として1976（昭和51）年に結成された「岡山の自然を守る会」が多彩な活動を行っています。1月には「とんど」を開催し、その年の干支にちなんだ民話を語るなど、地域の自然と文化の伝承にも力を入れています（写真3－2参照）。このほかにも、「岡山淡水魚研究会」、「日本野鳥の会岡山県支部」、「高梁川流域の水と緑をまもる会」など、県内には数多くの団体が活発に活動しています。また、「倉敷市立自然史博物館」や「岡山県自然保護センター」などは「友の会」という形で、「操山公園里山センター」は「里山センターボランティア」という形で、組織中に市民参加型組織を作って活動をしています。

写真3－2　「岡山の自然を守る会」の「とんど」の様子

地域の自然や文化を活かしてゆこうとする取り組みとしては、「高島・旭竜エコミュージアムを語る会」などの団体があります。こうした団体では、地域にある公民館が拠点的な役割を果たしているところが多く見られます。

生活環境関係では、「RACDA（路面電車と都市の未来を考える会）」、NPO法人「おかやまエネルギーの未来を考える会」、「エコウェーブおかやま」、「くらしきボランティア・ワン市民会議」などが、講演会や実践的な活動を数多く行っています。なかには、「エコ・インフォメーション岡山」のように、定期的な情報紙の発行を活動の柱にしている団体もあります。

2）ネットワーク・連携による活動

岡山ユネスコ協会がコーディネーター役となった地域社会連携型の活動として、「観音寺用水」（岡山市内）を活かす活動があります（写真3-3参照）。この取り組みには、岡山ユネスコ協会のほかに、観音寺用水沿いの5町内会と、京山エコクラブ、岡山市立京山中学校、岡山大学環境部、さらに地元企業などが参加・協力しています。この取り組みで作成した「観音寺用水：水辺再発見マップ」は、身近な水辺に目を向ける人を増やし、2003（平成15）年の岡山市京山地区「子どもの水辺てんけんプロジェクト」や2004（平成16）年の岡山市京山地区ESD環境プロジェクトなどにつながっています。

地域の枠を越えて、流域という単位でつながったネットワーク連携型の活動

写真3-3　岡山市内「観音寺用水」を活かす活動の様子

としては、「旭川流域ネットワーク（AR-NET）」の活動があります。「川にもっと関心を持つ人を増やそう」と、「源流の碑」をリレー方式で運び建立したことがきっかけとなり発足した流域の市民団体のネットワークで、旭川流域のふるさとと川を次代の子どもたちによりよい姿で引き継ぐための活動を行っています。なかでも、同日同時刻に流域内の100か所以上で一斉に行う水質調査は、市民の手による「旭川の定期健康診断」として毎年継続して行われていて、流域全体を意識した地域での環境保全活動に役立っています。また、流域の源である山林を育もうと、「源流の碑」の建立に合わせて市民の手による植林活動なども行われています（写真3－4参照）。

こうした流域連携の動きは、吉井川流域や高梁川流域にも広がり、吉井川流域でも「源流の碑」の活動が行われるようになりました（写真3－5参照）。

NGO・NPOを含む市民や事業者が行う自主的な環境保全活動を支援する行政の取り組みとして、岡山市は「岡山市環境パートナーシップ事業」に取り組んでいます。岡山市はユネスコなどにも働きかけ、世界に向けて「環境パートナーシップ活動への参加者の輪を世界人口の5％までまず広めよう」と呼びかけています。また、岡山県（岡山県地球温暖化防止活動推進センター）も「アースキーパーメンバーシップ制度」（自ら環境への影響を減らす取り組みを継続的に行う県民や事業所を会員登録する制度）などに取り組んでいます。

写真3－4　「AR-NET」による山林を育む活動の様子

写真3－5　旭川から吉井川へと広まった「源流の碑」の活動の様子

　また、財団法人「おかやま環境ネットワーク」は、環境ボランティア団体相互の情報の交換、ボランティアグループによる環境調査活動の支援などに努めています。

(6) これからのNGO・NPO活動のあり方

　シーズ（市民活動を支える制度をつくる会）によれば、「市民が自立して公共サービスの主体となり、自らの必要なサービスは自らが生み出し、その過程で行政を先導し、公共サービスのあり方への参画の仕組みを広げていく」ことが求められています[3]。NPO法の制定は、NGO・NPOの社会的認知度を高めましたが、NGO・NPOにとって大切なことはその活動の中身です。今一度、「自分はなぜその活動を行うのか」を自分自身に問い直し、自分が望む社会的使命の達成に向けて、無理なく楽しく活動してゆきたいものです。

　これからのNGO・NPO活動のあり方について、2000（平成12）年2月の岡山での「地球環境市民大学校」でまとめた内容は、今見直しても大切な視点がよくまとまっているので、この節のまとめに代えて表3－2に掲載します。

表3-2 これからのNGO・NPO活動のあり方についての提案とスローガン

提案1	活動は、行政に頼りすぎないようにしよう。でも、行政は引き込もう。行政とは、適度な緊張感を持って連携するようにし、一緒に取り組んでいこう。そして、行政との話し合いの場も持ち、どんどん提言していこう。そのためのネットワーク組織を育てていこう。
提案2	活動は長く継続できるように、無理せず、楽しく、自分の生活を犠牲にせず、まわりのしがらみもほぐしながら、少しずつ進めていこう。
提案3	活動にあたっては、思いだけで走らず、市民活動といえども科学的な視点、専門的な取り組みも重視しよう。
提案4	「環境」とかたく考えず、わかりやすく伝えよう。わかりやすく取り組んでいこう。子どもからお年寄りまで世代をこえて集まり、共に考え、共に活動していこう。そのために、世代をこえた交流、活動の場をつくっていこう。
提案5	結局、身近な自然といった環境を汚しているのは自分たちなのだから、身近な自然、環境を愛し、自分たちの手で守っていこう。だれもが理解できる、体験できる「足元の活動」をやっていこう。
提案6	一人ひとりが自ら課題を見つけ、解決していく「生きる力」を身につけられる市民活動、ネットワーク活動をのばしていこう。
提案7	国際的な視点からも、自分の考えを他人におしつけないようにしよう。お互いの違いを理解した上で、やれることを自らやっていこう。ネットワークをつくって連携し、情報の交換、発信を行い、活動の幅を広げていこう。
スローガン	「まず、はじめよう。そして、やったことは結果を出そう、広めよう。」

出所：2000年2月12日開催の「地球環境市民大学校」（環境事業団主催）第2分科会報告より。

参考文献
1) 山岡義典編著『NPO基礎講座―市民社会の創造のために―』ぎょうせい、1998。
2) 『やってみよう！環境ボランティアⅡ』地球環境パートナーシッププラザ、2002。
3) 『C'sブックレット・シリーズNo.5 改正NPO法準拠 新版・NPO法人ハンドブック』シーズ＝市民活動を支える制度をつくる会、2003。
4) 田中治彦『南北問題と開発教育』亜紀書房、1994。
5) 五月女光弘『ざ・ボランティア―NGOの社会学』国際開発ジャーナル社、1995。
6) （財）岡山県国際交流協会編『身近でできる国際貢献ボランティア活動』岡山県、1997。
7) 田中治彦編著『地域をひらく国際協力―南北ネットワーク岡山10年の挑戦―』大学教育出版、1997。
8) 『よくわかるNPO実践ガイド』NPO推進北海道会議、1998。
9) 岡山ユネスコ協会編『新版 市民のための地球環境科学入門』大学教育出版、1999。
10) 進士五十八・一場博幸・前田文章・橋迫恵編著『生き物緑地活動をはじめよう―環境NPOマネジメント入門―』風土社、2000。
11) （財）リバーフロント整備センター編『ともだちになろう ふるさとの川 ―川のパートナーシップハンドブック―【2000年度版】』信山社サイテック、2000。
12) 石田幸彦『あなたの川は元気ですか―川仲間を求めます』百水社、2002。

3－6　環境教育・環境学習

(1) **環境教育・環境学習とは**
　環境省が2001（平成13）年3月に出した「これからの環境教育・環境学習―持続可能な社会をめざして」[1]（以下「資料1」という。）では、「環境教育・環境学習とは、環境に関心を持ち、環境に対する人間の責任と役割を理解し、環境保全活動に参加する態度や問題解決に資する能力を育成することを通じて、国民一人ひとりを具体的行動に導き、持続可能なライフスタイルや経済社会システムの実現に寄与するもの」と記載しています。また、環境教育・環境学習を「環境のための教育・学習」という枠から、「持続可能な社会の実現のための教育・学習」にまで広げて捉えるべきとしています。

(2) **環境教育・環境学習の4つのポイント**
　資料1では、環境教育・環境学習のポイントを以下のように記載しています。
① 「総合的であること」
　　環境問題は、さまざまな事柄が相互に関連しながら、複合的に環境に影響を与えた結果生じています。このため、ものごとを相互連関的かつ多角的に捉えていく総合的な視点が不可欠です。
② 「目的を明確にすること」
　　個々の学習活動が、持続可能な社会の実現という大目標に至る全体像のなかで、どのような段階にあり、具体的に何を目的としているのかを常に明確にしておくことが重要です。そのことで、次のステップが明確になり、活動自体の自己目的化を避けることができます。
③ 「体験を重視すること」
　　知識として知っているというだけでなく、実際の行動に結びつけていくためには、学習者が自ら体験し、感じ、わかるという体験型の学習を繰り返すプロセスが求められます。また、自然への感性や環境を大切に思う心は、自然のなかで、五感を駆使して感動、驚き、畏れなどを体感したり、生活体験

を積み重ねることで培われます。
④「地域に根ざし、地域から広がるものであること」
　地域の素材や人材、ネットワークなどの資源を掘り起こして活用していくことや、先人の知恵を活かしていくことが望まれます。環境教育・環境学習を通じて、地域住民が地域の環境のすばらしさ、課題を理解した上で、地域の将来像を描き、地域づくりに主体的に参画していくことも重要です。

(3) 環境教育・環境学習推進の国際的動向

　環境教育が用語として初めて使われたのは、1948（昭和23）年の国際自然保護連合の設立総会であるといわれています。1972（昭和47）年にストックホルムで開催された国連人間環境会議で環境教育の推進が国際的に求められ、1977（昭和52）年のトビリシ会議で環境教育の目的（「認識・知識・態度・技能・参加」）や推進のための戦略とプログラムが決められました。

　その後、数多くの環境教育に関する取り組みがなされてきましたが、1997（平成9）年12月8～12日にギリシャのテサロニキで開催された「環境と社会に関する国際会議―持続可能性のための教育と意識啓発―」では、環境教育を「環境と持続可能性のための教育」と捉えたテサロニキ宣言が採択されました[1]。その背景には、環境問題とそれ以外の問題、例えば貧困、人口、健康、食糧の確保、民主主義、人権、平和などの問題は、現代社会において切り離せない相互不可分の関係にあることから、あらゆるものを総合的に捉えて持続可能な社会を構築してゆくという広い視点からの環境教育が求められたことがあります。このため、環境教育では道徳的倫理規範が重要となりますし、それぞれの地域における文化的多様性や伝統的知識を尊重することも重要です。

　20世紀末の2000（平成12）年11月15～24日にスペインのサンティアゴ・デ・コンポステーラで開催されたユネスコ主催の「環境教育に関する国際専門家会議」では、20世紀の環境問題を振り返り、21世紀のこれからの環境教育を行うための新しい指針づくりに取り組みました。ここでは、具体的に5つの視点（「地球上での平和的な共存の問題」「生物多様性の問題」「貧困と飢えの問題」「損なわれやすい景観地における持続可能な観光産業の問題」「文化の多様性と

グローバリゼーション（国際化）の問題」）を重点課題として取り上げました。また、この会議では、「世界的な情報の共有化、信頼性の高い情報源の整備、国際的視野に立った教材などの共同開発、教育指導者のトレーニングサポート、そして、これらを行うための世界的なネットワークシステムの構築と、その拠点センターの整備の必要性」がアピールされました。

　2002（平成14）年8月26日～9月4日に南アフリカのヨハネスブルグで開催された「持続可能な開発に関する世界サミット」では、日本の小泉首相が人づくりのための教育の重要性を話され、2005（平成17）年から始まる10年を「国連持続可能な開発のための教育の10年」（DESD：Decade of Education for Sustainable Development）（以下「教育の10年」という）に定めることを提案しました。このサミットで「持続可能な未来のための教育」の会合（写真3－6参照）を主催したユネスコは、ここで「持続可能な未来のための教育と学習のためのCD-ROM」を発表しました。これは、ユネスコのインターネットサイト（http://www.unesco.org/education/tlsf/）からも利用できます。

　1992（平成4）年のリオの地球サミットで、私たち人類は地球の未来のために行動計画「アジェンダ21」を採択しましたが、それから10年、私たちはこの行動計画を十分に実施してこなかった結果、地球環境と人類の行く末をより厳

写真3－6　ヨハネスブルグ・サミットの「持続可能な未来のための教育」
　　　　　会合の様子（2002（平成14）年9月3日佐橋謙撮影）

しいものにしてしまいました。こうした背景もあって、リオから10年の節目に開催されたこの会合でも、「行動」、「約束」、「連携」をキーワードとしていました。まさに、私たち人類と地球環境の行く末は、この3つのキーワードを私たちが今度こそ実行するかどうかにかかっているのだと思います。

　ヨハネスブルグ・サミットで日本から提案した「教育の10年」は、同年の国連総会にて実施が決定されました。国内NGO等による「教育の10年」推進会議もできました。私たちは、この「教育の10年」の提案国の国民として、持続可能な地球社会の構築に向けた環境教育・環境学習を推進していく世界のリード役を務めてゆきたいものです。

(4) 岡山県内での環境教育・環境学習の例

　岡山県内の環境教育・環境学習は、知的理解の段階（知識を与える教育・得る学習）から、行動のための知恵を身につける段階（生きる力を与える教育・得る学習）へと進んできています。

1) 学校での取り組み

　2002（平成14）年度より、学校教育のカリキュラムに「総合的な学習の時間」が導入されたことから、多くの学校で環境教育・環境学習の取り組みが行われるようになりました。これは、総合的な学習の時間では、知りたいことは自ら

写真3－7　岡山市立平福小学校における外部人材を活用した環境学習の様子

調べる自主学習、五感を使った体験学習を基軸としているため、環境をテーマにしやすかった点が挙げられます。

例えば、岡山市立平福小学校は、「旭川流域ネットワーク（AR-NET）」などと連携することで、年間を通して外部人材を活かした環境学習を行っています（写真3－7参照）。また、岡山市立足守中学校は、毎年4月のアース・デーに「全校環境集会」を継続して開催していますし、岡山市立京山中学校は、学区内の事業所などにも協力してもらい、生徒の主体的な校外学習を進めています。

2）NGO・NPOの取り組み

岡山県内のNGOの連合体である「国際貢献トピア岡山構想を推進する会（トピアの会）」では、岡山ユネスコ協会が主幹団体となって環境ネットワーク委員会を構成し、毎年秋頃に環境教育・環境学習をメインテーマとした「国際環境ネットワーク会議」を開催しています。この会議には国内外の環境教育の専門家のほかに、地元の高校などとも連携して多数の学生にも参加してもらい、次代を担う人材の育成にも力を入れています。

岡山県や岡山市といった地方自治体ならびに（財）「おかやま環境ネットワーク」などの団体も、地域における環境活動リーダーを養成するための講座を開設しています。なかでも、「岡山の自然を守る会」は、野外体験・遊びを通して子どもたちを育てる独自の活動を長年にわたって行ってきています。

写真3－8　「AR-NET」による子ども達の体験交流学習の様子

また、岡山県内の23市町村にまたがる旭川流域の約90の市民団体のネットワークである「旭川流域ネットワーク（AR-NET）」では、流域内の上流から下流までの学校をつないで、学校と地域住民と市民団体と行政組織の連携による、流域の子どもたちの体験交流学習支援に取り組んでいます（写真3-8参照）。

3）地方自治体・公民館の取り組み

　岡山県では、2001（平成13）年度に「おかやま環境学習プログラム集」[2]を作成するなど、学校や地域での環境学習を支援する取り組みを行っています。また、岡山市では、毎年7～8月に「夏休み環境館」を開催しています。これは、地域の環境の現状から地球規模の問題までを、子どもから大人まで楽しく学べる体験展示型の環境教育イベントです。館内には環境パネル展示コーナー、環境図書館、環境ビデオシアター、生き物展示コーナー、環境工房、テーマ別体験型展示コーナー、環境教室、パソコンコーナーなどを配置し、総合的な環境学習ができる場を提供しています（写真3-9参照）。このほか、岡山県内の各公民館でも、環境をテーマとした講座やイベントが数多く開催されており、子どもから高齢者までともに参加できる体験的な講座が増えてきています。

4）民間ユネスコ活動の取り組み

　岡山ユネスコ協会では、1994（平成6）年から継続して「ユネスコ地球環境講座」を開催しています。これは、専門的な知識と経験が習得できる市民一般

写真3-9　岡山市「夏休み環境館」の様子

写真3-10　岡山ユネスコ協会主催の体験型環境学習講座の様子

を対象とした講座です。様々な地球環境問題について、その科学的根拠から自分たちの生活との関わりまでをできる限り分かりやすく解説し、原因や仕組みをきちっと体系だって理解してもらうことで、受講者の意識改革ならびに日々の生活様式の改善行動につながるように考慮しています。講座の内容は、毎年見直しを行い、その年々に応じて、社会的に必要性が高く、民間ユネスコ活動として取り上げることが望まれるものを企画しています。特に1999（平成11）年以降は、参加者の対象を小学生から大人までに広げ、講座の内容も体験学習を重視したエコツアーやエコ合宿などを開催しています（写真3-10参照）。なお、ユネスコ地球環境講座の内容のいくつかは、岡山ユネスコ協会編「市民のための地球環境科学入門」（大学教育出版）[4)5)]として書籍にもなっています。

(5) 持続可能な未来のために

今日の環境問題の多くは、私たち自身が被害者であると同時に加害者となっています。この現実を考えれば、私たち一人ひとりがいかに「気づく、調べる、考える、実践する」という環境学習のプロセスを日常生活の中に持てるかが、持続可能な未来のための重要な鍵になると思います。2004（平成16）年1月22～25日に、岡山市で開催された「第10回おかやま国際貢献NGOサミット」の環境教育に関する分科会では、「教育の10年」を視野に入れた取り組みが発表さ

れました。そのうちの1つ、岡山市京山地区ESD（持続可能な開発のための教育）環境プロジェクトは、公民館・中学校区を地域社会の基本単位として設定し、小学生、中学生、高校生、大学生、社会人、市民団体、町内会、企業、行政組織、公民館などが協働で取り組むものです。今日、持続可能な未来のために、まず足元の地域を見直し、地域環境をよくしていくこと、そのための人づくり、環境教育を地域主導で進めていくことが望まれています。

参考文献

1) 『これからの環境教育・環境学習―持続可能な社会をめざして―』環境省総合環境政策局環境教育推進室、2001。
2) 『おかやま環境学習プログラム集』岡山県生活環境部環境政策課、2001。
3) 佐島群巳『環境マインドを育てる環境教育』教育出版、1997。
4) 岡山ユネスコ協会編『市民のための地球環境科学入門』大学教育出版、1995。
5) 岡山ユネスコ協会編『新版　市民のための地球環境科学入門』大学教育出版、1999。
6) 角田尚子・ERIC国際理解教育センター『環境教育指導者育成マニュアル』ERIC国際理解教育センター、1999。
7) 寺本潔・愛知県豊田市立堤小学校『エコ総合学習―創造を生み出すワークショップ授業』東洋館出版社、2000。
8) (社)日本環境教育フォーラム編著『日本型環境教育の提案　改訂新版』小学館、2000。
9) 山本恒夫・淺井経子・坂井知志編『「総合的な学習の時間」のための学社連携・融合ハンドブック―問題解決・メディア活用・自己評価へのアプローチ―』文憲堂、2001。
10) 木原俊行・岡山市立平福小学校『取り組んだ！考えた！変わった！総合的な学習への挑戦』日本文教出版、2002。
11) 川嶋宗継・市川智史・今村光章編著『環境教育への招待』ミネルヴァ書房、2002。

3-7　環境アセスメント

　大規模な開発行為などから、自然環境や生活環境などを保護・保全してゆくために重要な役割を果たす環境アセスメント（環境影響評価）について述べます。

(1) 環境アセスメントの概要

　環境アセスメントとは、ある事業を行おうとしたときに、事前にその事業が与える環境への影響を正しく見積もり（調査・予測）、評価し、必要な場合は適切な環境保全措置を検討する仕組みのことをいいます[1]。私たちの日本では、環境アセスメントは事業を行おうとする者が自ら実施することになっています。もっとも、環境アセスメントは高度な専門的知識と技術を要するため、多くの場合、事業者は専門のコンサルタントに実務を委託して行っています。

　国が所管して行われる事業は、1997（平成9）年6月13日に公布、1999（平成11）年6月12日に全面施行された「環境影響評価法」（以下「アセス法」という。）に基づき実施されています[2]。また、都道府県が所管して行われる事業は、各都道府県が制定する条例などに基づいて実施されています。岡山県の場合は、1999（平成11）年3月19日に公布、同年6月12日に施行された「岡山県環境影響評価等に関する条例」（以下「岡山県アセス条例」という。）に基づいて実施されています[3]。このほかに、「廃棄物の処理及び清掃に関する法律」に基づいたミニアセス（「生活環境影響調査」…項目は大気汚染、水質汚濁、騒音、振動、悪臭）が、廃棄物処理施設に対して実施されるなどしています。

　国または都道府県が所管して環境アセスメントを行うかどうかは、アセス法または都道府県のアセス条例などで規定された事業の種類や規模により決定されます。アセス法の対象となる事業については、国が所管して行う環境アセスメントの手続きが行われ、都道府県のアセス条例などの手続きは適用されません。都道府県が対象とするのは、アセス法の対象外の事業で、なおかつ都道府県が定めたアセス条例などに該当する事業です。

　通常、環境アセスメントというと、上述の事業実施段階で行う環境アセスメントを指しますが、近年、事業実施段階の環境アセスメントの限界を補うものとして、戦略的環境アセスメントが実施され始めています。これは、個別の事業実施に先立つ「戦略的な意志決定段階」に行うもので、政策（Policy）、計画（Plan）、プログラム（Program）の3Pを対象としており、早い段階からより広範な環境配慮ができる仕組みとして期待されています。

　環境アセスメントの全般的な情報は、環境影響評価情報支援ネットワークの

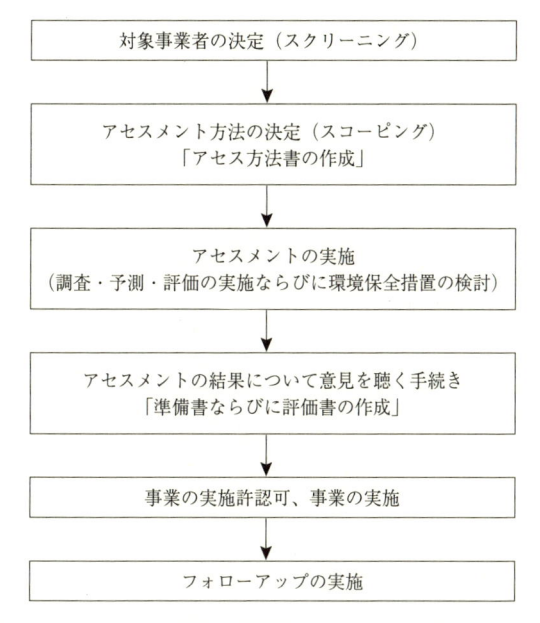

```
┌─────────────────────────────────────┐
│   対象事業者の決定（スクリーニング）    │
└─────────────────────────────────────┘
                 ↓
┌─────────────────────────────────────┐
│   アセスメント方法の決定（スコーピング） │
│     「アセス方法書の作成」              │
└─────────────────────────────────────┘
                 ↓
┌─────────────────────────────────────┐
│        アセスメントの実施               │
│（調査・予測・評価の実施ならびに環境保全措置の検討）│
└─────────────────────────────────────┘
                 ↓
┌─────────────────────────────────────┐
│ アセスメントの結果について意見を聴く手続き │
│    「準備書ならびに評価書の作成」        │
└─────────────────────────────────────┘
                 ↓
┌─────────────────────────────────────┐
│      事業の実施許認可、事業の実施       │
└─────────────────────────────────────┘
                 ↓
┌─────────────────────────────────────┐
│         フォローアップの実施            │
└─────────────────────────────────────┘
```

図3－6　アセス法に基づく環境アセスメントの手続きの流れ[2]

ホームページ（http://assess.eic.or.jp/）で、岡山県関係は岡山県環境政策課のホームページ（http://www.pref.okayama.jp/seikatsu/kansei/assess/index.htm）で、それぞれ入手することができます。

アセス法に基づく環境アセスメントの手続きの流れを図3－6に示します。

(2) 環境アセスメントの項目別解説

1）スクリーニング（ふるいがけ）

アセス法などで環境アセスメントの対象となる事業（表3－3参照）は、規模が大きく環境に著しい影響を及ぼすおそれがあるものです。このため、行おうとしている事業が環境アセスメントを必要とするものかどうかの判定をまず行わなければなりません。アセス法では、必ず環境アセスメントを行わなければならない一定規模以上の事業（「第一種事業」）を定めるとともに、第一種事業に準ずる規模を有する事業（「第二種事業」…第一種事業で定めた規模の概ね75％以上の規模の事業を対象）を定めています。スクリーニングとは、第二種

表3－3 アセス法ならびに岡山県アセス条例におけるアセス対象事業種一覧[2)][3)]

アセス法の対象事業種	岡山県アセス条例の対象事業種
道路（高速自動車国道、一般国道など）	道路（一般国道、大規模林道など）
河川（ダム、堰、放水路、湖沼開発）	河川（ダム、堰、放水路）
鉄道（新幹線鉄道、普通鉄道、軌道）	鉄道（普通鉄道、軌道）
飛行場	飛行場
発電所	発電所、高圧送電線
廃棄物最終処分場	廃棄物最終処分場、廃棄物焼却施設
埋立て、干拓	埋立て、干拓
土地区画整理事業	土地区画整理事業、土砂の採取
新住宅市街地開発事業	住宅団地造成事業
工業団地造成事業	工業団地造成事業、工場・事業場の新設・増設
新都市基盤整備事業	下水道終末処理施設の新設・増設
流通業務団地造成事業	流通業務団地造成事業
宅地（住宅地、工場用地）造成事業	レクリエーション施設の新設。増設
	面的複合開発

事業について、事業の内容や地域の特性を踏まえて、環境アセスメントを行うかどうかを判定する（ふるいにかける）仕組みのことをいいます。

2）スコーピング（絞り込み）

環境アセスメントを行うことになった事業者は、調査・予測・評価を行う項目（表3－4参照）やその手法といった環境アセスメントの方法を定める「方法書」を作成します。事業が環境に及ぼす影響は、事業の具体的な内容により異なるとともに、事業を行う地域の特性により異なります（自然豊かな山の中と住宅や商工業施設が密集する都市の中では取り組むべき内容や程度が異なり

表3－4 環境アセスメントの対象となる環境要素（項目）の範囲[2)]

◎環境の自然的構成要素の良好な状態の保持
　○大気環境（大気質、騒音、振動、悪臭、その他）
　○水環境（水質、底質、地下水、その他）
　○土壌環境・その他の環境（地形・地質、地盤、土壌、その他）

◎生物の多様性の確保および自然環境の体系的保全
　○植物　　　○動物　　　○生態系

◎人と自然との豊かな触れ合い
　○景観　　　○触れ合い活動の場

◎環境への負担
　○廃棄物など　○温室効果ガスなど

ます)。しかし、事業者または実務を委託されたコンサルタントが、その地域に十分精通しているとは限らないので、事前に地域の環境情報や留意点を地域住民などから入手できれば、その地域に合った質の高い環境アセスメントを効率よく行うことができます。スコーピングとは、環境アセスメントの方法を決める段階から、その内容について地域の意見を求め、メリハリの効いた内容にする(項目や手法を絞り込む)仕組みのことをいいます。

3) 環境アセスメントの実施

　事業者は、方法書に基づき、環境アセスメントを実施し、その結果をまとめた「環境影響評価準備書」(準備書)を作成して公表します(準備書の公告・縦覧および説明会の開催)。方法書と同様に、準備書についても住民や地方公共団体など、その内容に対して「環境の保全の見地からの意見」を有する者は、誰でも定められた期間内において意見を述べることができます。事業者は、準備書に対して述べられた住民や地方公共団体などからの意見に配慮して準備書の内容の見直しを行い、「環境影響評価書」(評価書)を作成して公表します。事業者は、この評価書を公表するまで事業を実施することはできません。

　なお、環境アセスメントでは、「評価の基準」が重要な意味を持ちますが、現在のアセス法などでは、「環境基準などの固定的な目標が達成されているか」だけでなく、「事業者ができる限り環境への影響を小さくしたかどうか」を評価の観点に取り入れています。このため、事業者は住民や地方公共団体などに納得してもらえるだけの努力を必要とします。そのためには、十分な説明責任を果たすとともに、対話を十分に行うことが求められています。

4) フォローアップ(事後調査)

　現在の科学技術力では、環境への影響を完全に予測しきることは無理です。こうした予測の不確実性に対応するため、概ね5年間、事後調査(モニタリング)を行い、必要に応じて、環境保全措置を取ることにより、環境アセスメントをフォローアップしてゆきます。岡山県アセス条例では、このフォローアップの手続きを「環境管理」として定めています。

(3) 環境アセスメントへの住民参加に向けて

アセス法の制定などにより、日本の環境アセスメントも充実してきてはいますが、住民との対話などがまだまだ形骸的に行われているところが多く、事業者と住民と地方公共団体の連携による「ベスト追求型」の環境アセスメントが十分に行われているとは言い難い状況にあります。これは、事業者やコンサルタントの認識の甘さや未熟さなどにもよりますが、一方で住民側の不勉強さや主体的な取り組み姿勢のなさにも原因があります。自分たちの環境のことですから、住民も他人任せ的な姿勢ではなく、自らも勉強し、積極的に参加していく姿勢が求められます。例えば、環境を考える地域グループを作り、みんなで勉強をしたり、実際に地域の環境診断マップ[4]を作ったりすることも、住民が環境アセスメントに参加していく上で効果的な取り組みではないでしょうか。

(4) 岡山県アセス条例に基づく実施内容のポイント

環境アセスメントの内容を、岡山県を例にしてより具体的に説明します。岡山県での実施方法は、「岡山県アセス条例」および岡山県環境影響評価技術指針(以下「技術指針」という。)において具体的に定められており、大きくは、実施計画書の作成、環境影響評価の実施(準備書および評価書の作成)、環境管理の実施の各段階からなります[3]。

1) 実施計画書の作成

環境アセスメントを進めるに当たって、事業者がまず最初に作成するもので、事業の内容(事業特性)、計画区域およびその周囲の状況(地域特性)、調査および予測・評価の実施方法などを記述します。

この段階では、既存の調査結果や文献資料をもとに、計画区域を含む一帯の集落や産業、土地利用・水利用の状況、学校・病院や文化財などの社会的情報、大気質や水質、騒音・振動、動植物や景観などの自然的情報についてできるだけ詳しく調べます。それをもとに、事業の実施が環境に影響を及ぼすおそれのある要因(影響要因)と、環境を構成する各要素(環境要素)の関係を精査し、環境影響評価の対象とする項目ならびに調査、予測および評価の方法を選定します。表3－5に、そのようにしてまとめた「環境影響評価等の対象とする環

表3－5 「環境影響評価等の対象とする環境要素」の一例

環境要素の区分			影響要因の区分	工事の実施			存在・共用					
				建設機械の稼働	車両の運行	基礎・設備工事	施設の存在	施設の稼働			車両の運行	廃棄物等	温室効果ガス等
								ばい煙	騒音・振動	悪臭			
環境の自然的構成要素の良好な状態の保持	大気環境	大気質	窒素酸化物	○	○			○			○		
			硫黄酸化物	○									
			浮遊粒子状物質		○			○			○		
			粉じん	○									
			有害物質					△					
		騒 音	騒 音	○	○				○		○		
		振 動	振 動	○	○				○		○		
		悪 臭	悪 臭							○			
		低周波空気振動	低周波空気振動						○				
		その他	その他										
	水環境	水 質	化学的酸素要求量										
			浮遊物質量										
			全窒素、全燐										
			有害物質										
			水温・塩分										

境要素」の一例を示します。

　作成された「実施計画書」は、関係市町村長および地域住民の意見を求めるため、公告・縦覧に付されます。内容に対して意見がある場合は、知事（または事業者）に意見書を提出することができます。これを受けて知事は、県条例に基づき設置された岡山県環境影響評価技術委員会（以下「技術委員会」という。）の意見も踏まえ、事業者に対して「実施計画書についての知事の意見」を述べることになります。

2）環境影響評価の実施（準備書および評価書の作成）

　知事意見などを勘案して必要な手直しを加えた「実施計画書」をもとに、「技術指針」に定める手法で現地調査を実施します。調査は、地域特性を十分に加味し、季節変動や四季の変化を踏まえて1年以上の連続する期間について実施することが基本となります。

　得られた情報およびデータをもとに環境影響評価準備書（以下「準備書」と

いう。）を作成するわけですが、予測・評価はあくまでも定量的かつ客観的に行わなければなりません。大気質や騒音・振動の予測では各種の予測モデルでのコンピューター・シミュレーション、景観についてはフォト・モンタージュ手法（撮影した現状の写真上に対象事業の完成予想図を合成して眺望景観の変化を予測する方法）[5]が一般的に用いられます。動植物や生態系については、科学的な解析のほか他事例の引用や学識経験者の見解なども重要な手段となります。

予測・評価の結果として、事業の実施による影響が無視できないと判定された場合は、実行可能な範囲内でできる限り環境影響を回避・低減するための措置（環境保全措置）、必要な場合には、損なわれる環境価値を代償する措置（ミティゲーション）を検討することになりますが、安易にミティゲーションの実施を選択することは厳に慎むべきで、基本は、影響の回避・低減のために最大限の努力を傾注することにあります。

作成された「準備書」は、「実施計画書」の場合と同様に公告・縦覧に付されますが、この段階では新たに説明会の開催（必要な場合は公聴会の開催）が義務づけられます。地域住民などからの環境保全の見地からの意見および「技術委員会」の意見を踏まえて知事は、「準備書についての知事の意見」を述べることになります。事業者は、これら意見を勘案し、必要な修正または追加の調査や予測・評価を行った上で、環境影響評価書（以下「評価書」という。）を作成し、再度の公告・縦覧を経て、事業実施の運びとなります。なお「準備書」に対する修正が事業内容などの根幹的部分に及ぶ場合には、実施計画書の手続きに戻って再度実施することとなります。

3）環境管理の実施

事業着手（工事着工）以降の事後調査およびその結果により行われる環境保全措置のことを「環境管理」といいます。「アセス法」では保全措置の実効性に不確定な要素を含む場合の状況把握の措置として規定されていますが、「岡山県アセス条例」では、環境影響評価の結果を適切に比較検証するとともに、環境保全措置の実施状況を確認するため、工事期間中はもちろん、工事完了後も5年間の実施義務が課せられており、毎年の実施報告書の提出が必要となります。この報告書は公開が原則となっており、その方法は環境管理計画と併せて「準

備書」および「評価書」に記載することになっています。
　実施結果において、環境保全措置の効果が十分でない場合や、予測外の事態が判明した場合には、知事は「技術委員会」の意見を聴くなどして事業者に対し意見を述べることができます。その場合、事業者は環境管理計画を見直すほか、適切な環境保全措置を講じなければならないことになります。
　従来より「環境アセスメントは開発許可のための単なる手続きで"やりっぱなし"」との一部の批判がありますが、「岡山県アセス条例」のこの規定は、事業実施に伴う環境への影響をできる限り低減させ、地域の環境を保全する実効性のある有効な手段の1つと評価することができます。

参考文献
1) 『環境アセスメントここが変わる』環境技術研究協会、p.5、1998。
2) 『環境アセスメント制度のあらまし』環境庁企画調整局環境影響評価課、1998。
3) 『岡山県環境影響評価の実施に関する資料集』岡山県生活環境部、2000。
4) (財)公害地域再生センター(あおぞら財団)編『つくってみよう身のまわりの環境診断マップ』環境庁企画調整局環境影響評価課、2000。
5) 「道路環境影響評価の技術手法第3巻」(財)道路環境研究所、p.279、2000。
6) 環境アセスメント研究会編『わかりやすい戦略的環境アセスメント─戦略的環境アセスメント総合研究会報告書』中央法規出版、2000。
7) 環境アセスメント研究会編『日本の環境アセスメント　2002年版』ぎょうせい、2002。
8) 柳憲一郎・浦郷昭子『環境アセスメント読本　市民による活用術』ぎょうせい、2002。

3−8　世界の動き（ヨハネスブルグ・サミットを受けて）

(1) 歴史的回顧
　最近の約30年間、1970年以後の地球環境問題についての国際的な出来事と、同じ頃の日本国内または岡山県でのそれらを表3−6にまとめました。以下の文は、この表を眺めながら読んでください。
　1970（昭和45）年頃の世界情勢は、第二次世界大戦が終結して4半世紀が経

表3－6　最近30年間に起こった地球環境関係の世界と日本での主な出来事

世界の動き		日本の事情	
1972	人間環境に関する国連会議（ストックホルム）	1971	環境庁設置
1973	国連環境計画（UNEP）創設	1973	瀬戸内海環境保全臨時措置法制定
1982	国連環境計画理事会特別会合（ナイロビ）		第4次中東戦争によるオイルショック
1985	オゾンホールの発見	1983	倉敷公害訴訟第1次提訴
1987	環境と開発に関する世界委員会（WCED）報告「我ら共有の未来」	1989	環境庁長官を地球環境問題担当大臣に併任
1990	気候変動に関する政府間パネル（IPCC）報告書で地球温暖化警告	1990	関係閣僚会議で地球温暖化防止行動計画策定
1992	地球サミット（UNCED）でリオ宣言・アジェンダ21採択	1992	公害防止事業団法を環境事業団法に改正
1994	気候変動枠組み条約発効	1993	環境基本法制定
1995	気候変動枠組み条約締結国会議（COP）発足	1996	倉敷公害訴訟住民側勝訴で全面解決
1997	国連特別総会（リオ＋5）京都議定書採択（COP3）	1997	環境影響評価法制定
		1999	環境省設置法公布
		2001	京都議定書批准
2002	持続可能な開発に関する世界サミット（WSSD）		
2003	「国連持続可能な開発のための教育の10年」国連総会で採択		

ち、先進国では大量生産・大量消費・大量廃棄の流れが「良いこと」として推し進められ、同時に公害問題が世界中に広がりを見せ始めたときです。私たちの住む岡山県でも水島地域で大規模なコンビナートがほぼ完成し、倉敷を中心とする周辺の人々を公害病の不安に駆り立てていました。

　そのような社会情勢を背景としてストックホルムで開かれた1972（昭和47）年の国連会議では、「成長は地球的規模の環境的制約により、早晩限界に達する」とするローマクラブの報告書「成長の限界」[1]を取り上げ、環境問題が人類に対する脅威であり、地球上のすべての人々がその脅威に立ち向かうべきだという

「人間環境宣言」を採択し、国連環境計画（UNEP）の設立を決めました。

国連は10年後の1982（昭和57）年に、国連環境計画理事会特別会合をナイロビで持ちました。そこでは、「持続的な経済発展のためには環境と開発などの相互関係を重視せねばならない」こと、「環境に対する脅威は、浪費的消費のほか貧困によっても増大する」ことなどを指摘するナイロビ宣言を採択しました。

1984（昭和59）年には日本の提案で環境と開発に関する世界委員会（WCED）が発足し、1987（昭和62）年には「我ら共通の未来」[2]という報告書が国連に提出されました。この報告書の中で「持続可能な開発」との考えが明確に打ち出されました。それは「将来のニーズを満たす能力を損なうことがないような形で、現在の世代のニーズも満足させること」だと述べています。やさしく言い換えると「私たちの子孫が『化石燃料がもっと欲しいなあ』と考えたとき、『あれっ？　もうないのか』というようなことがないように、今の世の中で化石燃料の使い方に気をつけましょう」ということでしょうか。でも、そんなうまいことができるのでしょうか？　化石燃料の使用可能量は、少なくともこの地球上で有限であることは間違いありません。今使えば、その分子孫が使える分は減るのです。だから化石燃料の使用はできるだけ少なくし、再生可能なエネルギーを使おう、ということでないと有効な持続可能性は得られないように思えます。

(2) 気候変動に関する国際連合枠組み条約

この条約の内容は、大気中の温室効果ガスの濃度をやたらに増やさないことを約束しようとするものです。1990（平成2）年12月にこのような条約を作らねばならないという国際間の話し合いがあり、その3か月後の1991（平成3）年2月に第1回政府間交渉会議が行われました。その後の数回にわたる交渉会議の末、第1回の会議の1年2か月後という異常に短い交渉期間で1992（平成4）年4月に「気候変動に関する国際連合枠組み条約」が採択されました。このことは、地球温暖化の影響の深刻さが国際的に政治家にも認識されたことを裏づけています。この条約はその後1994（平成6）年3月に発効しています。

条約に含まれる原則は次の5つです。①共通ではあるが差異のある責任　②

予防の原則　③持続可能な開発を促進する権利および義務　④開発途上締約国の特定の状況への配慮　⑤貿易における不当な差別・偽装した制限となることの防止の5項目です。①は、先進国も途上国も温暖化について責任はあるが、その責任の取り方については先進国と途上国とで違いがあって当然ということを、②は、重大かつそのまましておいたらもとに戻せない影響があると認められる問題については、不確実性があることを理由に、費用のかかる対策の実施を延期してはならないということを述べたものです。

各締約国は毎年1回会合を持ち、条約で決められた約束を遵守しているかを確認するなどの作業をしています。なかでも1997（平成9）年に京都であった第3回会議（COP3）では、各国の二酸化炭素の将来の削減目標などを盛り込

表3－7　京都議定書の概要

項目	内容
対象ガス	CO_2、CH_4、N_2O、HFC、PFC、SF_6
吸収源	森林等の吸収源による温室効果ガス吸収量を算入
基準年	1990年（HFC、PFC、SF_6は1995年としてもよい）
目標期間	2008年から2012年
目標	先進国全体で少なくとも5％削減を目指す

表3－8　京都議定書の目標の国別の削減率

国	削減率（％：1990年比）
EU（15か国）、ブルガリア、チェコ、エストニア、ラトビア、リヒテンシュタイン、リトアニア、モナコ、ルーマニア、スロバキア、スロベニア、スイス	－8
アメリカ	－7
カナダ、ハンガリー、日本、ポーランド	－6
クロアチア	－5
ニュージーランド、ロシア、ウクライナ	0
ノルウェー	＋1
オーストラリア	＋8
アイスランド	＋10

んだ京都議定書を決めました。その内容は表3－7、表3－8に示します。日本は74番目の批准国、米国は署名はしたが今のところ批准はしていません。

(3) 地球温暖化問題

　上節の条約は、結局は地球温暖化に歯止めを、ということが目的です。ここではこの地球温暖化問題の国際的取り扱いを述べましょう。1988（昭和63）年、世界中の気象学者が各国政府代表の資格で参加し、地球温暖化の問題について広く深く討論する場として国連環境計画、世界気象機構の共催の新しい組織「気候変化に対する政府間パネル（IPCC）」の設置が決まり、1990（平成2）年に第1次報告書が提出されました。世界中のある1つの専門分野の科学者が集まり、国際社会に提言を行う制度が生まれたということも画期的なことですが、その主な内容も①二酸化炭素の大気中濃度は上昇を継続し、21世紀末には産業革命前の2倍弱になる、②中位の排出シナリオの予測ででも、2100年までには約2℃の平均気温の上昇と約50cmの海面水位の上昇が予測されるなど、画期的なものでした。

　IPCCでは5年ごとに報告書を更新しています。そのたびごとに、新しい観測事実を取り入れ、新しく開発された計算モデルで予測し、ということを繰り返し、将来の気候変化の状況をできるだけ精度よく予測する努力をしています。現在最新の予測は2001（平成13）年に発表された第3次報告書[3]のものです。その要点を抜粋すると、①地球の平均地上気温は20世紀に約0.6℃上昇し、気温は高さ8kmまでの大気で、過去40年間上昇してきた、②雪氷面積は減少し、地球の平均海面水位は上昇した、③近年得られたより強力な証拠によると、最近50年間に観測された温暖化のほとんどは人間活動によるものである、④21世紀を通じて、人間活動が大気組成を変化させ続けると見込まれる、⑤人為起源の気候変化は、今後何世紀にもわたって続くと見込まれるということです。

　以上のように、第3次報告書では1995（平成7）年の第2次報告書[4]よりもさらに悲観的な推測を述べています。地球上の生態系の中で唯一英知を持っていると自慢している私たちは、今こそその英知を結集して、緑の地球を子孫に残す努力をしなければなりません。

(4) リオデジャネイロでの地球サミット

さて、1970年代後半から1980年代前半の約10年の間には、ヨーロッパや北アメリカ地域で酸性雨問題、南極大陸上に象徴的に発生したオゾン層破壊問題が相次いで報道されました。人間がそうなるとは知らずに、あるいは知っていてもこれくらいならと排出してきたもろもろの物質が、実は全世界的なしかも人間の生存そのものを脅かす環境問題を引き起こしていたのです。

(1)で述べた「我ら共通の未来」で指摘されたこと、すなわち、このままでは現在の地球に未来はないという考えを含め、このような地球全体を覆う社会不安ともいえるような状況を踏まえ、国際連合では地球環境問題だけを集中的にみんなで考える場を作ろうと、1992(平成4)年6月にリオデジャネイロで特別な国連主催の会合「国連環境開発会議」(UNCED、別称地球サミット)を開きました。国連加盟国のほとんどの178か国から110人の国家元首が出席し、NGOは165か国から約1万7千人が集まりました。この会議の特徴的なことの1つは、国連主催のこのような大規模な会合に、NGOが正式に参加したことです。

この会議のまとめである「環境と開発についてのリオ宣言」は、世界の今後の環境保全の原則、①人間には、自然と調和し健康で生産的な生活を送る権利がある、②公害、環境汚染の被害者に対して責任を取り、補償をすること、③環境を汚染したものは、その処理に要する経費を分担すること、などを示しました。

さらにこの会議では持続可能な開発を実現するために、今後各国および各国際機関が実行するべき4部40章からなる行動計画を規定した「アジェンダ21」が採択されました。アジェンダ21では、その実施において重要な役割を担う地方公共団体が、地域における持続可能な開発に向けた地方公共団体の行動計画を策定することが期待されており、この地方公共団体が策定する計画がローカルアジェンダ21と呼ばれます。例えば、岡山県が1994(平成6)年3月に策定した「地球にやさしい地域づくり指針」[5]がそれに当たると思われます。

(5) リオデジャネイロからヨハネスブルグまで

リオサミットの翌年1993(平成5)年、リオサミット宣言、実行計画などが遵守されるかの監視を行うための委員会「持続可能な開発に関する委員会

(CSD)」が、国連社会経済理事会の組織として設置され、以後毎年会合を持ってその任に当たっています。

　リオサミットの5年後の1997（平成9）年には「リオ＋5（リオプラスファイブ）」という名のもとに国連環境開発特別総会がニューヨークで開かれ、2002（平成14）年にアジェンダ21についての包括的レビューを行うことが決められました。これが再び地球環境問題集中討論のための国際集会が持たれることになった最初の提案です。このことは、アジェンダ21によって立派な理念は打ち立てられたが、それを実行に移すことが一向にはかどっていないではないかという多くの国々の反省や追求があったからです。これを受けて、2000（平成12）年12月の国連総会で「リオ＋10（リオプラステン）」を2002（平成14）年に開催することが決められました。

(6) ヨハネスブルグ・サミット

　このサミットの公式名称は「持続可能な開発に関する世界サミット（WSSD）で、前節までの背景の下に2002（平成14）年8月26日から9月4日までの間、ヨハネスブルグで開催されました。日本の外務省の発表では参加国数は191か国、参加首脳数104人、参加人数2万1千人以上ということです。その結果は6章37項の政治宣言（The Johannesburg Declaration on Sustainable Development）と、150以上の項目からなる実施計画（Plan of Implementation）として公表されました。

　この宣言は、「我々の起源の地から未来へ」「ストックホルムからリオデジャネイロへ、そしてヨハネスブルクへ」「我々の直面する課題」「持続可能な開発に向けた我々の約束」「多国間主義に将来がある」「今こそ実行を！」の6章、計37項からなり、その主な内容は以下のとおりです。

　①われわれは、人道的で、平等で思いやりのある地球社会を建設することを誓約する。②われわれは、貧困の撲滅と経済・社会成長のために生産・消費形態を変え、天然資源を保護することが、持続可能な成長の不可欠な条件であると認識する。③生物多様性は損なわれ、漁業資源は失われ、砂漠化が進み、地球温暖化の影響はすでに顕在化している。④グローバル化は、これらの挑戦に新たな問題をもたらしている。市場の統合、資本の流動性の増大は、持続可能

写真3-11　ヨハネスブルグでの持続可能な開発に関する世界サミット（池田満之撮影）（2002（平成14）年8月29日）

な開発にとって新しい課題であり、可能性である。しかしこうした課題に直面して、途上国は特別な困難に直面している。⑤清浄な水や衛生、エネルギー、健康、食糧安全保障、生物多様性の保護などに対するアクセスを速やかに増進することを決意する。⑥飢餓、栄養失調、外国による占領、紛争、麻薬、組織犯罪、汚職、テロ、エイズなど、持続可能な発展に脅威となっている国境を越えた問題に特に注意を払う。⑦アジェンダ21や行動計画の実行のために、あらゆるレベルでガバナンスを改善することを約束する。⑧人類発祥の地であるアフリカ大陸から世界の人々と地球を受け継ぐ次世代に対して、持続可能な開発という共通の希望を実現させる決意をしたことを誓う。

　このサミットで採択された実施計画は、1992（平成4）年リオデジャネイロ・サミットで採択された「アジェンダ21」の実施をさらに進める具体的な行動計画であるとされています。そのことはこのヨハネスブルグでのサミットそのものの目的が「リオで理念は示された、次は実行だ」ということだからです。その実施計画は膨大で、A4版で54ページ、150項目以上からなるものですが、その主な内容は、①2015（平成27）年までに1日1ドル以下で暮らす人口の割合を半減させる、②貧困撲滅のための「世界連帯基金」を設立する、③持続可能な消費・生産に向けた「10年計画」の策定を促進する、④先進国の農業補助

金の改革を促進する、⑤化学物質対策は予防的措置を基本とし、2020（平成32）年までに影響を最小限に抑える、⑥2015（平成27）年までに、安全な飲料水や基本的な公衆衛生施設が利用できない人口の割合を半減させる、⑦2010（平成22）年までに、生物多様性の喪失を減少させる、⑧京都議定書の批准国は未批准国に適切な時期の批准を促す、⑨グローバル化で困難に直面する途上国や経済移行中の国を支援する、というものです。

(7) ヨハネスブルグ・サミットの評価と今後の問題

　1992（平成4）年のリオデジャネイロでの「地球サミット」から10年。米国中心のグローバル化が進み、途上国と先進国の経済格差は改善どころか広がる一方で、今回のサミットは環境に配慮した開発と途上国支援が最大テーマでした。

　このサミットの終了直後9月6日の世界銀行が運営するウエブサイトニュースに地球サミットの反応、評論と分析[6]と題する一文が掲載されました。当然、評価する意見とそうでない意見があります。前者の代表的なのは「名誉ある成功を収めた。経済的発展と環境保護はタンデム車（2人乗り自転車・筆者注）のようなものだ、という分かりやすい合意は今回の最大の寄与だ。議論に自治体やNGOが参加したのも効率的な方法だった」（ニューヨークタイムズ紙）というもので、後者では「腹立たしく絶望を感じる。世界のリーダー達はWTO（世界貿易機関）と巨大企業に地球を売り渡してしまった。会議では貧しい人々には何もしなかった」（国際環境NGO, FoE座長）というものです。

　確かに多くの項目について「いつまでにどれだけ」という量的目標が削除され、アジェンダ21を確実に実施しようとすることがうやむやにされてしまったと言うことは間違いありません。意見の違う人々が1つのテーブルを囲んで自分の意見を言い合う場があったということだけでもよいとしなければならないという寂しい結果で我慢しなければならないのでしょうか。とにかくこういうことを書いている間にも、大気中の二酸化炭素の濃度は増え、温暖化は着実に進んでいるのです。あなたの孫の代まで、地球を今のままで緑の地球でおきたいのなら、また、あなたも世界の地球環境を良くすることに貢献しようと思われるなら、あなたも二酸化炭素の排出を減らす努力をすぐに始めようではあり

ませんか。

参考文献

1） 大来佐武郎監訳『成長の限界』ダイヤモンド社、1972。
2） 大来佐武郎監修『地球の未来を守るために』福武書店、1987。
3） http://www.data.kishou.go.jp/climate/cpdinfo/ipcc_tar/spm/spm.htm.
4） 気象庁編『IPCC第二次報告書、地球温暖化の実態と見通し』大蔵省印刷局、1996。
5） http://www.pref.okayama.jp/seikatsu/kanchosei/hakusho/yougo.htm#local-agenda.
6） http://web.worldbank.org/WBSITE/EXTERNAL/NEWS/0,,date:09-06-2002~menuPK:34461~pagePK:34392~piPK:34427~theSitePK:4607,00.html#Story1.

あとがき

　2002（平成14）年8月南アフリカ、ヨハネスブルグで持続可能な開発のための世界サミットが開催されました。第1回の地球環境サミットが1972年にスウェーデン、ストックホルムで開催されてからすでに30年余の歳月が経っています。このときすでに世界は今日でいうところの地球規模の環境問題が議論され、それらの環境問題はターニングポイントに達していると判断し、このまま進めば地球環境は大変なことになると警告が発せられました。しかし30年経過後も問題は解決されないばかりか、ますます危機的な状況に向かって進んでいます。一方わが国では、1960年代激しかった「公害問題」が一応の収まりを見せましたが、その一方で「環境問題」と呼び名が変わり、新しい環境の時代を迎えつつあります。それは、「公害問題」の加害者（原因）が特定の企業活動にあったのに対し、「環境問題」では、加害者と被害者との関係が曖昧になってきたということです。つまり、私たち自身の日常活動が、何の意識もないままに行っている行動が地球環境に著しい影響を及ぼし、環境を破壊する原因になっているということです。今まで被害者であった市民が、加害者の立場に立たされてしまったのです。しかし、「公害問題」が「環境問題」という言葉に置き換えられようとも、基本的に公害問題がなくなったということではありません。

　さて本書は、岡山という一地方において起こっているさまざまな環境問題に焦点を当てつつ、わが国の環境問題の本質について分析し、理解することを目的として企画・編集されました。岡山を対象としてはいますが、内容は全国的にも共通課題だと思います。「環境問題」を理解するためには、まず　自然の有り様を正しく理解することから始まると考えます。一般に環境・公害問題について語られるとき、その対象となるのは、私たち人間の生存の基盤を構成する大気、土、水、森林環境などです。それらのはたらき、人間の生活・活動との関わりなどを知り、初めて人間にとって、また地球上のあらゆる命あるものに

とって、それらの役割としての重要性、それらを守っていくことの大切さを知ることができるでしょう。第1章ではそのようなことが書かれています。第2章では岡山における自然とさまざまな環境問題の状況について記述されています。今、私たちの身の回りの環境はどうなっているのか、どう変わっていくのか、そして私たちは何かをするために何を考えなければならないか、そのような問題について考える足がかりになることを期待しています。地域の環境問題と地球環境問題は、とかく別個の問題として考えられがちです。しかし実際には両者は深い関連性を持っており、地域の環境問題の延長線上に地球環境問題があり、地球環境問題の現象は必ず地域の問題として現れてきます。だからこそ、「Think Globally, Act Locally（地球規模で考え、足下からの行動を）」という標語が生きてくるのです。そのような意味から、第3章では地域環境と地球環境問題について記述しました。

今や環境問題は全人類、世界共通の問題となってきました。これまで環境汚染、環境破壊といえば、政治的に行政が対応するものと考えられ、事実そのように対処されてきました。科学技術の進展は、人類に物質的豊かさをもたらしました。しかしその反面、さまざまな環境問題を引き起こしてきました。

今日の環境問題の原因の1つとして、私たちのライフスタイルのあり方が問われています。人間が真に豊かに、持続的に生存できるためには、自然と人間の共生、共存が求められています。いかに科学技術が発展しようとも、今日のレベルでは、人間は自然の有する大きな恩恵を受けることなしには生きてゆけないのです。私たちは、今、改めて自然について学び、自然と人間との関係について多くのことを理解し、行動することが求められているのです。ヨハネスブルグ・サミットでは、私たちの地球を守るために、私たちが環境について深く学び、みんなが一緒に連携をとって行動すること（パートナーシップ）の重要性が議論されたのです。

本書が、市民の皆さんがさまざまな岡山の問題を通して、環境問題について学ぶ機会となることを期待しています。

2004年6月　　　　　　　　　　　　　　　岡山ユネスコ協会理事　青山　勲

索　引

【あ】

アースキーパーメンバーシップ制度　*195*
ISO14001（環境マネジメントシステム）
　　　　　　　　　　　　　　　　183

赤潮　*104*
旭川の定期健康診断　*195*
アジェンダ21　*218*
暖かさの指数　*12, 13, 59*
油汚染　*105*
海砂利採取　*105*
潤いのある土　*39*
栄養塩　*99*
エコファンド（eco-fund）　*186*
NGO・NPO　*190*
エネルギーの問題　*140*
MSDS：Material Safety Data Sheet　*164*
岡山県沿岸における自然災害―津波、高潮
　　　　　　　　　　　　　　　　111
岡山県下における自然性の高い森林の分布
　　　　　　　　　　　　　　　　63
岡山県下の渇水　*71*
岡山県下の洪水　*71, 77*
岡山県下の森林分布　*59*
岡山県環境影響評価等に関する条例　*206*
岡山県環境基本計画（エコビジョン2010）
　　　　　　　　　　　　　　　　177
岡山県総合福祉計画　*176*
岡山県内での環境教育・環境学習の例
　　　　　　　　　　　　　　　　201
岡山県内の少ない自然林　*119*
岡山県の海域区分　*96*
岡山県の漁獲量の推移　*106*
岡山県の漁業　*101*
岡山県のごみ処理の状況　*132*
岡山県の産業廃棄物の状況と対策　*133*
岡山県の植物相　*116*
岡山県の動物相　*121, 123*
岡山県の農業地域類型・市町村区分図
　　　　　　　　　　　　　　　　144
岡山市環境パートナーシップ事業　*195*
岡山市のヒートアイランド　*55*
岡山でのNGO・NPO活動の具体例　*193*
岡山での気象災害　*56*
岡山での地球温暖化　*54*
岡山の温泉　*83, 86*
岡山の地下水と地質　*88, 90*
汚染の非特定発生源（面源）　*31*
オゾン層の破壊　*155*
温泉の定義　*84*
温泉の湧き出る機構　*85*

【か】

海域環境回復への取り組み　*109*
海域環境の変化　*102*
外因性内分泌かく乱化学物質　*161*
海水と大気の相互作用　*34*
海洋性の温暖な気候　*36*
海陸風　*7, 36, 48*
化学的酸素要求量（COD）　*27*
化学物質と環境　*148*
化学物質による環境汚染　*153*
化学物質の環境動態　*151*
化学物質の管理　*163*
化学物質の規制法律　*165*
化学物質のヒトへの影響　*152*
確率年　*26*

合併浄化槽　31
河道の名称　26
環境アセスメント（環境影響評価）　205
環境アセスメントへの住民参加　210
環境影響評価準備書　209
環境影響評価書　209
環境影響評価法　206
環境ガバナンス　180
環境管理　209
環境基本計画　172
環境基本法　169
環境教育・環境学習　198
環境教育・環境学習推進の国際的動向
　　　　　　　　　　　　　　　199
環境倫理　174
還元者　10
干拓　104
官民の連携　191
気候変動に関する国際連合枠組み条約
　　　　　　　　　　　　　　　215
季節風　6
逆転層　7
共生　171
京都議定書　217
極相（極性相）　15
グリーン購入　186
クロロフィルa　99
減少しつつある植物　119
源流の碑　195
光化学オキシダント　56
光合成　15
硬水と軟水　89
恒流　37
国連持続可能な開発のための教育の10年
　　　　　　　　　　　　　　　200

国連人間環境会議　199
児島湖の水質の現状　72
児島湖の水質保全対策　75
コモンズ（共有地）　175

【さ】
材線虫病　65
里山　64
3R原則　129
サンクチュアリ　175
酸性雨　32
COP3：京都会議　21, 216
資源の分類と問題　137
自然保護　174
持続可能な開発　215
実施計画書　210
室内空気汚染　158
循環型社会　128
消費者　10
植生　11
植生遷移　12
植生分類　11
食品汚染　157
食糧の問題　142
新世紀おかやま夢づくりプラン　178
浸透能　18
森林の環境保全機能　16
森林の理水機能　18
水温・塩分　97
水系汚染　156
水質汚濁成分の分類　33
水質の自浄作用　28
少ない自然林　119
スクリーニング（ふるいがけ）　207
スコーピング（絞り込み）　208

生産者　　10
成層圏　　4
生態系　　9, 122
成長の限界　　214
生物化学的酸素要求量（BOD）　　27
生物環境と漁業　　100
接地逆転層　　9
瀬戸内気候型　　36
瀬戸内海上空の風　　50
戦略的環境アセスメント　　206

【た】
ダイオキシン類による汚染　　159
大気汚染　　154
大気境界層　　4
大気の鉛直構造　　4
大気の温室効果　　2
大気の組成　　1
大気の不安定　　5
大気を通過する光　　1
対流圏　　4
多自然型河川整備　　81
たたら製鉄　　60
WLCA：Waste Life Cycle Assessment　　136
団粒構造　　42
地下水（井戸水）の成分　　90
地下水汚染　　93
地球温暖化現象　　3
地球温暖化問題　　155, 182, 217
地球環境市民大学校　　196
地球サミット　　218
地球の再生機能　　44
地球の放射収支　　2
地形・気候と森林　　118
地産地消　　186

地質によって異なる森林　　118
中山間地域対策　　146
土の緩衝能　　44
土の構成要素　　39
土の構造（土壌構造）　　42
土の浄化機能　　43
土の植物生産機能　　43
土の誕生　　38
動物相　　122
動物相の変容　　125
透明度　　98
土壌汚染　　157
土壌空気　　42
土壌水　　42
土壌生物　　40
トレードオフ（trade off）　　130, 182

【な】
ナショナルトラスト　　175
二酸化炭素と森林　　21
二酸化炭素の「移動」と「蓄積」　　21
人間環境宣言　　215
ネットワーク・連携による活動　　194
農薬による汚染　　160

【は】
バイオマス（現存量）　　15
廃棄物交換情報制度　　135
廃棄物処理システムのあり方　　131
廃棄物と化学物質　　159
廃棄物の問題　　127
はげ山　　64
「晴れの国」岡山　　47
PRTR制度　　164
ヒートアイランド現象　　7, 55

干潟・藻場　99
フェアートレード（fair trade）　186
富栄養化　29
富栄養化物質　32
フォローアップ（事後調査）　209
腐植　40
物質循環　41
浮遊物質　28
分解者　10
保安林　17
方法書　209

【ま】
水循環と汚濁発生源　30
水の惑星　34
ミティゲーション　212
「緑の消費者」グリーンコンシューマー（green consumer）　184

ミニアセス　206

【や】
山谷風　51
ユネスコ地球環境講座　203
用水の分類　25
溶存酸素（DO）　27
ヨハネスブルグ・サミット　持続可能な開発に関する世界サミット（WSSD）　219

【ら】
ライフサイクルアセスメント（LCA）　183

陸水　24
林野火災　68
路面汚濁物質　32

■執筆者紹介（50音順）

青山　勲（あおやま・いさお）
　　第1章1-3(3)、第2章2-3(2)、2-4(7)、2-8(1)～(3)、
　　第3章3-1、3-2、あとがき執筆
　　1942年生まれ　京都大学大学院工学研究科博士課程修了
　　現在　岡山大学資源生物科学研究所教授　京都大学工学博士

足立　忠司（あだち・ただし）
　　第1章1-5執筆
　　1943年生まれ　東京大学大学院博士課程農学系研究科卒
　　現在　岡山大学環境理工学部教授　農学博士

井勝　久喜（いかつ・ひさよし）
　　第2章2-9、第3章3-3執筆
　　1956年生まれ　米子工業高等専門学校工業化学科卒
　　現在　吉備国際大学政策マネジメント学部教授　医学博士

池田　満之（いけだ・みつゆき）
　　第2章2-3(4)、第3章3-5、3-6、3-7(1)～(3)執筆
　　1959年生まれ　鳥取大学工学部卒
　　現在　㈱環境アセスメントセンター西日本事業部代表取締役
　　　　　技術士（環境・建設・総合技術管理）・環境カウンセラー

奥田　節夫（おくだ・せつお）
　　第1章1-4、第2章2-5(4)執筆
　　1926年生まれ　大阪大学理学部卒
　　現在　京都大学名誉教授　理学博士

尾田　正（おだ・ただし）
　　第2章2-5執筆
　　1947年生まれ　京都大学農学部卒
　　現在　岡山県水産試験場栽培漁業センター所長

河原　長美（かわら・おさみ）
　　第1章1、3(1)(2)(3) 1)、第2章2-3(1)(3)執筆
　　1948年生まれ　京都大学大学院博士課程修了
　　現在　岡山大学保健環境センター教授環境理工学部兼担　京都大学工学博士

北岡　豪一（きたおか・こういち）
　　第2章2-4(1)～(5)執筆
　　1943年生まれ　京都大学大学院理学研究科修士課程修了
　　現在　岡山理科大学理学部教授　理学博士

佐藤　國康（さとう・くにやす）
　　第2章2-6(2)執筆
　　1948年生まれ　岡山大学大学院理学研究科修了
　　現在　川崎医療福祉大学教授（環境論）　理学博士

佐藤　豊信（さとう・とよのぶ）
　　第2章2-8(4)執筆
　　1949年生まれ　京都大学大学院農学研究科博士課程修了
　　現在　岡山大学農学部教授　農学博士

佐橋　謙（さはし・けん）
　　第1章1−1、第2章2−1、第3章3−8(7) 執筆
　　1930年生まれ　京都大学大学院理学研究科博士課程単位取得退学
　　現在　岡山大学名誉教授　理学修士

田中　勝（たなか・まさる）
　　第2章2−7 執筆
　　1941年生まれ　ノースウェスタン大学大学院博士課程修了
　　現在　岡山大学大学院自然科学研究科教授　PH.D.（工学博士）

千葉　喬三（ちば・きょうぞう）
　　第1章1−2、第2章2−2 執筆
　　1939年生まれ　京都大学大学院農学研究科博士課程修了
　　現在　岡山大学大学院自然科学研究科教授　農学博士

土屋　充（つちや・みつる）
　　第3章3−7(4) 執筆
　　1948年生まれ　岡山大学工学部工業化学科卒
　　現在　㈶岡山県環境保全事業団環境調査部長

鳥井　正也（とりい・まさや）
　　第2章2−5 執筆
　　1969年生まれ　水産大学校卒
　　現在　岡山県農林水産部水産課主任

波田　善夫（はだ・よしお）
　　第2章2−6(1) 執筆
　　1948年生まれ　広島大学理学部卒
　　現在　岡山理科大学総合情報学部教授　理学博士

廣田　陽子（ひろた・ようこ）
　　第3章3−4 執筆
　　1962年生まれ　ロンドン大学大学院修士課程修了
　　現在　岡山大学経済学部講師

福田　富男（ふくだ・とみお）
　　第2章2−5 執筆
　　1946年生まれ　岡山大学理学部生物学科卒
　　元　岡山県水産試験場特別研究員　医学博士
　　現在　岡山科学技術専門学校非常勤講師

藤澤　邦康（ふじさわ・くにやす）
　　第2章2−5 執筆
　　1945年生まれ　広島大学水畜産学部水産学科卒
　　現在　岡山県水産試験場特別研究員　医学博士

松田　敏彦（まつだ・としひこ）
　　第2章2−4(6) 執筆
　　1944年生まれ　岡山大学大学院理学研究科修士課程修了
　　現在　岡山大学理学部助教授　理学博士

山本　章造（やまもと・しょうぞう）
　　第2章2−5 執筆
　　1945年生まれ　京都大学農学部修士課程修了
　　現在　岡山県水産試験場長

岡山の自然と環境問題

2004年8月30日　初版第1刷発行

- ■編　者——岡山ユネスコ協会
  　　　　　〒700－0026　岡山市奉還町3－1－28
  　　　　　電話(086)255－0651（FAX共通）
- ■発行者——佐藤　守
- ■発行所——株式会社大学教育出版
  　　　　　〒700－0953　岡山市西市855－4
  　　　　　電話(086)244－1268(代)　FAX (086)246－0294
- ■印刷所——サンコー印刷㈱
- ■製本所——日宝綜合製本㈱
- ■装　丁——ティーボーンデザイン事務所

ⓒOkayama UNESCO 2004, Printed in Japan
検印省略　　落丁・乱丁本はお取り替えいたします。
無断で本書の一部または全部を複写・複製することは禁じられています。

ISBN4－88730－555－9